U0248074

狗狗美食
轻松搞定

可嘉/编著

Don't forget to feed your dog

中华工商联合出版社

图书在版编目（CIP）数据

狗狗美食轻松搞定 / 可嘉编著. -- 北京：中华工
商联合出版社，2018.5
ISBN 978-7-5158-2260-0

Ⅰ.①狗… Ⅱ.①可… Ⅲ.①犬－饲料 Ⅳ.
①S829.25

中国版本图书馆CIP数据核字（2018）第070770号

狗狗美食轻松搞定

作　　者：可　嘉
策划编辑：付德华
责任编辑：楼燕青
插 画 师：孙傲然
封面设计：周　源
责任审读：郭敬梅
责任印制：迈致红
出版发行：中华工商联合出版社有限责任公司
印　　刷：北京毅峰迅捷印刷有限公司
版　　次：2018年6月第1版
印　　次：2018年6月第1次印刷
开　　本：710mm×1000mm　1/16
字　　数：90千字
印　　张：10.5
书　　号：ISBN 978-7-5158-2260-0
定　　价：36.00元

服务热线：010-58301130
销售热线：010-58302813
地址邮编：北京市西城区西环广场A座
　　　　　19-20层，100044
http://www.chgslcbs.cn
E-mail: cicap1202@sina.com（营销中心）
E-mail: gslzbs@sina.com（总编室）

工商联版图书
版权所有　侵权必究

凡本社图书出现印装质量
问题，请与印务部联系。
联系电话：010-58302915

从现在开始，
学习自制宠物美食！

　　俗话说："民以食为天。"对于我们的宠物宝贝们来说也是如此。对于很多家庭来说，其实猫咪、狗狗已然成为家庭中的一员。

　　然而，面对市场上琳琅满目的昂贵的猫粮、狗粮以及各种罐头，有时候我们也会怀疑，这些食物对猫咪、狗狗来说究竟是不是最好的？它们的原料是否真的能保证都是最新鲜的？它们的安全性是不是真的得到保障了？它们的营养配比是否真如包装袋上所描述的一般无二？进口的猫粮、狗粮是否从正规渠道获得？以前习惯了的品牌有时候断货，自己又不知该选择其他何种品牌？不断上涨的猫粮、狗粮价格或许有些承受不起了？等等。

面对如此多的质疑声，很多主人们开始动起了亲自为猫咪、狗狗做美食的想法。非常棒！这里应该给有这种想法的主人们一点掌声，因为你们真的是深爱着自己的宠物。但是又有一些人开始望而却步了。因为他们担心制作美食的过程会很烦琐，自己制作的美食是否能得到猫咪、狗狗的青睐，更重要的一点是自己的随意搭配能否满足猫咪、狗狗每天的营养需求。

其实，主人们的担心是完全没有必要的。

首先，我们这套书中所介绍的美食都非常简单易学，还有各种版本的"懒人饭"，有的只需2～3分钟，一款美食便能新鲜出炉哦！不信？！您随便翻几页看一下便知。而且里面绝大部分的美食是主人和宠物宝贝们可以一起分享的。所以，很多时候，我们在做晚餐时，一式两份或一式三份就搞定了，不需要主人们再额外花时间和精力去做。

其次，我们选用的食材都是营养丰富、常见的天然新鲜食材。如此，在源头上，我们便让猫咪、狗狗的美食比猫粮、狗粮的原材料选择上要新鲜、安全、靠谱得多。更何况，其中有很多食材利于猫咪、狗狗美毛，在增强体质、提高免疫力方面有着很不错的食补功效。

最后，本书还就不同猫咪、狗狗的年龄及体质问题提供了不同的美食方案。针对需要减肥的猫咪、狗狗，我们有专门的瘦身减肥餐；针对需要催奶的猫妈妈、狗妈妈们，我们会提供专门的补钙食物和催乳汤汁；针对特殊的节日，我们还设计了节日餐，能和猫咪、狗狗一起"举杯欢庆"。在每一道美食中，我们通常会搭配两种以上的食材，以保证猫咪、狗狗的营养均衡，而且我们也会规避一些猫咪、狗狗不能吃的食物和调料，进而保证猫咪、狗狗的饮食安全。

当然，除了上面这些，我们在书中还列出了一些小知识和需要注意的要点，以便主人们更好地认识和养育我们的猫咪、狗狗。

然而，还是会有一些人说猫咪、狗狗应该吃猫粮、狗粮比较好。当然，萝卜白菜各有所爱。但是，主人们不妨试想一下，每天让你吃同样的一道饭菜，你的心情会如何？要是换成我，那一定是个噩梦，更何况猫咪、狗狗呢？只是它们不会说而已，但是它们一定会举双手双脚赞同你要给它们做美食的想法和做法的。如果不太确定，你也可以先挑选着做几道美食给你的爱宠尝一尝，看看它们的反应。

所以，亲爱的主人们，赶紧动起手来，给猫咪、狗狗换一个好心情吧！相信不久的将来，你会发现自己的猫咪、狗狗的身体变得越来越棒，身材也越变越好，你们的感情也越来越亲密！

目　录

点　心

　　点心，是狗狗心目中不可缺少的一道美食，而且它简单、便携，相对保存时间较长。无论走多远，我们只需将它们装在小塑料袋或是保鲜盒里，狗狗们就会忽闪着它的大眼睛，热情地扭动着尾巴，屁颠屁颠地围着你打转，仿佛在大叫着："主人，快给我一点奖励吧！你看我刚才表现得多棒！"

　　动起手来，让我们心爱的狗狗饱饱口福吧，相信它们也会更加爱你哟！

狗狗磨牙棒

这是一款超级棒的狗狗必备点心，因为它既能当零食，又能帮助狗狗们清洁牙齿、健齿固齿。有了它，你再也不用担心狗狗们会到处咬坏家里的家具了。

材料：

低筋面粉	130克
糖粉	20克
鸡蛋	1个

做法：

1. 将鸡蛋打散，加入糖粉搅拌均匀。
2. 将蛋液倒入低筋面粉中，将面揉成光滑的面团。
3. 将面团静置30分钟后，擀成0.5厘米厚的面片，用模具压出狗骨头形状或别的形状。
4. 放入已经预热好的烤箱，上下火，180摄氏度，烤25分钟至表面上色即可。
5. 放凉后再给狗狗吃。

小贴士

　　主人们需注意，不能经常、过量地给狗狗们吃甜食。甜食易让狗狗患上肠胃及口腔疾病，还易引起狗狗呕吐、腹泻等症状。而且摄入过多，也会造成狗狗肥胖。所以在给狗狗做各种美食时，如有需要加糖的情况要注意适量。

鸡肉奶酪卷

奶酪，可是被誉为乳品中的"黄金"哦！它含有丰富的蛋白质、钙、脂肪、磷和维生素等营养成分，是纯天然的食品。而且它所含的钙质非常易于吸收，是幼犬、青年犬、成年犬、老年犬、受孕犬等补充钙质时的极佳选择。

奶酪还有助于狗狗增强抵抗力，促进新陈代谢，增强活力。噢，还有美毛功效哦！

材料：

鸡胸肉	1块
奶酪	适量

做法：

1. 将鸡胸肉洗净，置于冰箱冷冻2小时左右，直至微冻的状态后，再切成薄片。
2. 挤一块拇指大小的奶酪放在鸡胸肉片上，并将奶酪完全包住。
3. 放入风干机，70摄氏度，风干10小时。
4. 放凉后再给狗狗吃。

小贴士

🐾 将鸡胸肉放入冰箱冷冻2小时，是便于我们更好地切薄片。

🐾 如果没有风干机，也可以用烤箱代替，上下火，180摄氏度，烤20分钟。

🐾 遇到所有烤鸡肉条的食物都须注意：多余的鸡肉条一定要在彻底通风放凉、风干水分后再装袋或装盒子里予以密封保存。

胡萝卜鸡肉条

如果最近狗宝贝们开始有点"夜盲症"的征兆，或是便秘得厉害，或是免疫力有点低下，不妨来几根胡萝卜鸡肉条吧，保证让你的狗狗生龙活虎起来！

材料：

胡萝卜	1/2根
鸡胸肉	1块

做法：

1. 胡萝卜去皮、洗净，切成小指长短粗细的条。

2. 将鸡胸肉洗净，置于冰箱冷冻2小时左右，直至微冻的状态，再切成细长的薄片。

3. 将鸡胸肉缠到胡萝卜条上，缠紧。

4. 将胡萝卜鸡肉条置于装有锡纸的烤盘上，放入已预热好的烤箱，上下火，150摄氏度，烤10分钟后翻面，再烤20分钟左右，直至表面呈金黄色即可。

5. 放凉后再给狗狗吃。

红薯鸡肉条

绝大多数狗狗无法抗拒来自甜食的诱惑，那来一份红薯鸡肉条解解馋如何？

材料：

红薯	2根	鸡胸肉	1块
蜂蜜	适量		

做法：

1. 将鸡胸肉洗净后，置于冰箱冷冻2小时左右，直至微冻的状态。
2. 将红薯去皮、洗净，切成小指长短粗细的条。
3. 将鸡胸肉切成薄片后，刷上一层薄薄的蜂蜜。
4. 一片鸡胸肉缠在一根红薯条上。
5. 将所有缠好的红薯条放在装有锡纸的烤盘上，放入已经预热好的烤箱，上下火，170摄氏度，烤30分钟，直至表面呈金黄色即可。
6. 放凉后再给狗狗吃。

关于烤箱的小知识

因为书中有很多给狗狗做的食物都要用到烤箱，所以，在这里，有必要普及一下烤箱的一些基本知识。

1. 烤箱在烘烤食物之前要预热。通常情况下，烤箱预热5~10分钟即可，预热温度最低需要160摄氏度。那什么是预热呢？所谓的预热，就是指开启烤箱，让其空转到指定温度。不要觉得这是在浪费时间、浪费电哦，它可以让你做的食物变得更加可口，对烤箱来说也是一种保护哦！

2. 烘烤时，必须将烤箱置于通风的地方。因为烤箱温度高，为了更好地散热，不要将它太靠近墙壁，烤箱顶部也不要放置任何物品。

3. 为了避免烤出来的食物太干、太硬，更好地保存食物中的营养成分，我们可在下层的烤盘内加点水。

4. 每个烤箱的脾气秉性都不一样，所以在烤制美食的时候不一定要按照我们书中指定的温度，可上下调节一下温度，只需达到一样的效果即可。

羊奶棒冰

当你发现最近狗狗开始牙痒痒了，喜欢咬家里的东西，特别是我们的鞋子时，丢给它们一块羊奶棒冰，它们一定能准确地抓住，并乐此不疲地舔咬很长时间哦！

材料：

| 羊奶粉 | 2勺 | 温开水 | 150毫升 |

做法：

1. 将羊奶粉用温开水冲泡，搅拌均匀，使其充分溶解。
2. 将混好的食材倒入制冰格里。
3. 放入冰箱冷冻4小时以上，需要的时候再拿出一块来喂给狗狗吃。

小贴士

🐾 由于各家奶粉的勺子大小不一致，可自动调节，泡完以后，如果主人们愿意可先替狗狗们尝一尝浓淡哦！

🐾 当然，羊奶粉可以用别的奶粉代替，只要狗狗们喜欢且没有什么不良反应即可。

关于狗狗喝奶的小知识

很多主人们在纠结，狗宝贝们能不能喝牛奶的问题。因为很多狗宝贝们在食用了牛奶以后出现了腹泻、过敏等不适的症状。其实，狗狗是可以喝奶的，只是有些狗狗得了"乳糖不耐受症"，它们娇弱的肠胃很难消化牛奶中的乳糖。

所以，我们在喂食狗狗奶的时候，应注意以下问题：

1. 最好不要喂狗狗喝鲜奶，因为鲜奶更容易让狗狗出现拉稀、腹泻的状况；

2. 对狗狗来说，羊奶比牛奶更易被它们的身体接受和吸收；

3. 奶对于狗狗来说是补充营养品，而不是必需品，所以，主人们喂狗狗奶时要适可而止；

4. 在狗狗体质差时，尽量不要喂它们奶或相关的奶制品食物，以免加重它们的身体负担；

5. 如果主人们觉得有必要给狗狗补充营养，但是狗狗又不适合喝奶，那么可以选择一些婴儿奶粉、狗狗专用奶粉等。

羊奶果冻

狗宝贝们听话地做着你要求的事情，看它们满脸写着："哇，那个滑溜溜、冰冰凉、软软的东西，口感真是棒极了！今天我一定要表现得棒棒的，让主人多给我奖励一块呢！"

材料：

羊奶粉	2勺	吉利丁片	1片
温开水	100毫升	凉开水	适量

做法：

1. 将羊奶粉用温开水冲泡，搅拌均匀，使其充分溶解。

2. 将吉利丁片放入凉开水中泡1~2分钟后，将水倒掉，并把泡软的吉利丁片倒入羊奶中搅拌至完全融化。

3. 将羊奶倒入冰块模具中，待到羊奶凉了以后，再将其放入冰箱冷藏4小时左右。

4. 捏成适合狗狗吃的小碎块后，再给狗狗吃。

小贴士

🐾 一定要将果冻切成小块，以防狗狗贪吃时被噎着。

🐾 可以在果冻里面加一点狗狗爱吃的水果，但一定要切得碎碎的哦！

🐾 每次不要制作太多，做2~3顿的量即可，而且要尽快吃掉，毕竟放的时间长了，滋生细菌，狗狗吃了也不好。

鸡肉干

想让狗宝贝们快速记住一些动作和礼貌吗？外出时，想让狗狗寸步不离地跟着你吗？那就带好它们最爱的各种肉干吧！在美食的鼓励下，你会发现它们的进步简直就是突飞猛进呀！

材料：

鸡胸肉　　　　　　　　　　适量

做法：

1. 将鸡胸肉洗净后，置于冰箱冷冻2小时左右，至微冻的状态。

2. 把鸡胸肉切成薄片备用。

3. 烤网表面刷一层油后，将鸡胸肉片放在烤网上，置于烤箱中层，下层放置一个铺了油纸的烤盘。

4. 放入预热好的烤箱，上下火，200摄氏度，烤15~20分钟至表面变色后，翻面再烤至变色即可。

5. 放凉后再给狗狗吃。

小贴士

🐾 鸡肉干、牛肉干等各种肉干的制作均可采用此方法。

🐾 在制作时，鸡肉和牛肉的用量可自行决定。

🐾 在烤制之前，可以在鸡肉片和牛肉片上刷一层薄油。

🐾 肉干会刺激狗狗的食欲，如果一次做太多，也可以将肉干剪成小块拌入米饭中给狗狗吃。

🐾 不要经常喂食狗狗吃肉干。因为狗狗们会觉得其实不需要"好好学习"便能轻松得到肉干，于是便不会好好听你的话，同时还会养成偏食的习惯哦！

香菇牛肉饭团

"主人，我们是要去野餐了吗？"

材料：

牛肉馅	180克	胡萝卜	1／3根
香菇	1～2朵	米饭	适量
卷心菜	1片	橄榄油	1勺

做法：

1. 将胡萝卜、香菇、卷心菜洗净，分别切碎。

2. 开中火，锅热后倒入橄榄油，再将牛肉馅和上述切碎的食材倒入锅中翻炒至熟。

3. 将炒熟的食材和米饭搅拌均匀后，捏成适合狗狗吃的大小即可。

三文鱼饼干

"主人，来点下午茶点心吧！我要吃三文鱼饼干！"鲜美的三文鱼，不仅美毛补钙效果好，还富含蛋白质，能维持钾钠平衡，锁住毛毛里的水分，让你的狗宝贝们变回那个魅力四射的自己吧！

材料：

三文鱼	1块
低筋面粉	适量
鸡蛋	1个

做法：

1. 将三文鱼洗净，切成小块，放入料理机打成泥备用。

2. 鸡蛋打散，加入低筋面粉和三文鱼泥，揉成面团。

3. 将揉好的面团静置30分钟后，擀成0.5厘米的面片，并用饼干模具压出喜欢的形状。

4. 放入预热好的烤箱，上下火，180摄氏度，烤25分钟左右至表面上色。

5. 放凉后再给狗狗吃。

紫薯鸡蛋卷

亲爱的主人们，请和心爱的狗宝贝们一起分享这道美味的下午茶吧！

材料：

鸡蛋	2个	紫薯	1个
面粉	适量	水	适量

做法：

1. 将紫薯去皮、洗净，切成小块，隔水蒸熟。

2. 把紫薯晾凉后放入料理机，加入少许水，打成泥备用。

3. 将鸡蛋打散，搅拌均匀，锅里刷一层油，倒入蛋液，转动锅，烙成一张薄饼。

4. 将鸡蛋饼放在案板上，把紫薯泥均匀地摊在鸡蛋饼上，卷成蛋卷后，用刀切成小卷。

5. 放凉后再给狗狗吃。

芝士鸡肉球

这是一道芝香四溢的料理小食，它一定能让你赢得狗宝贝的心哦！记得要适量哦，不然它们会吃得胖胖的！

材料：

鸡胸肉	1块
鸡蛋	1个
燕麦片	适量
芝士片	适量

做法：

1. 将鸡胸肉洗净，放入料理机打碎后，装盘备用。
2. 打入鸡蛋，加入燕麦片，搅拌均匀。
3. 将食材捏成小丸子，放在放了锡纸的烤盘上。
4. 放入已经预热好的烤箱，上下火，200摄氏度，烤20分钟至表面呈金黄色。
5. 将芝士片切成小块放在鸡肉球上，烤箱调至150摄氏度，再烤5分钟即可。

小贴士

　　如果主人们觉得自己的狗狗太胖了，不适合吃芝士，则可以将最后一步省略，即不放入芝士片，这也不会影响这道美食的口感哦！

关于预防狗狗肥胖的小知识

随着人们生活水平的不断提高，加之主人们对狗宝贝们宠爱有加，过度喂食狗狗各种零食，再加上缺乏运动，就会出现越来越多的胖狗狗。

殊不知，这种爱也是害。肥胖会给狗狗带来各种疾病，如糖尿病、心脏病、关节炎、肌肉损伤、呼吸系统及内分泌系统等各种严重的慢性疾病。

所以，主人们要注意啦，如果你发现自己的狗狗体重超出标准的20%~25%，那么它们就过重了；如果超出30%，那就属于过度肥胖了。

给狗喂食时，主人们要注意以下事项哦：

1. 不喂食高蛋白的食物；

2. 不让狗狗吃变腐或已经不新鲜的食物；

3. 如果是买狗粮，请选择正规厂家生产的狗粮；

4. 注意保证狗狗每天的运动量；

5. 随时给狗狗准备1碗清水；

6. 随时注意狗狗的体重，别让它过度肥胖。

迷你小窝头

天生爱吃肉的狗狗们，闻着伴有牛肉鸡肉香的窝头，口水得有三尺长了吧！

材料：

牛肉馅	150克	鸡肉馅	150克
鸡蛋	2个	玉米面	100克
胡萝卜	150克	面粉	100克
开水	适量	圆白菜	150克

做法：

1. 将胡萝卜、圆白菜洗净，放入料理机打碎。

2. 将所有食材放入盘中，打入鸡蛋，加入适量开水，搅拌均匀。

3. 将食材捏成丸子大小的窝头。

4. 蒸锅里放入水，烧开以后，再将小窝头放入，盖上锅盖，蒸20分钟左右即可。

5. 放凉后再给狗狗吃。多余的食物可装入保鲜盒里，放入冰箱冷藏或冷冻保存。

鸡肉小球

好吃又能玩的鸡肉小球，一定能让狗宝贝们爱到无法自拔！
"主人，我们一起玩个游戏吧！你把鸡肉往远处抛，我一定能用嘴接住！因为我是一个超级无敌棒的接球小能手哦！"

材料：

胡萝卜	1/2根	鸡胸肉	1块
鸡蛋	1个	淀粉	1勺

做法：

1. 将鸡胸肉和胡萝卜洗净，切成小块后，放入料理机打碎后，装盘备用。
2. 鸡蛋打散后放入，加入淀粉，向一方向将其搅拌均匀。
3. 将食材放入裱花袋中，挤成小球。
4. 水烧开，上锅蒸15分钟后，放凉并晾干即可。

鸡肉饼

伴有特色狗粮味的鸡肉饼可比狗粮好吃好几倍呢!

材料:

鸡胸肉	1块	菜叶	3片
狗粮	适量	鸡蛋	1个

做法:

1. 将鸡胸肉和菜叶洗净,切成小块,连同狗粮一并放入料理机打碎后,装盘备用。

2. 打入鸡蛋,搅拌均匀。

3. 将和好的馅料捏成小饼,放在铺有油纸的烤盘上。

4. 放入已经预热好的烤箱,上下火200摄氏度,烤25分钟即可。

5. 放凉后,切成小块再给狗狗吃。

酥香小饼干

营养丰富又不含任何添加剂的酥香小饼,散发着淡淡的奶香味。狗宝贝们是不是已经闻着香味过来了呢?

材料:

低筋面粉	80克	羊奶粉	20克
糖	20克	鸡蛋	3个

做法:

1. 将蛋黄和蛋白分离,分别装盘。

2. 在蛋黄中加入5克白糖,搅拌均匀。

3. 将剩下的15克白糖加入蛋白中,用打蛋器打至硬性发泡。

4. 将打好的1/3蛋白加入蛋黄糊中搅拌均匀后,再加入剩下的蛋白搅拌均匀。

5. 用面粉筛筛入低筋面粉,加入奶粉,搅拌均匀。

6. 将上述材料装入裱花袋中,将其在铺好油纸的烤盘上挤成小圆形。

7. 放入已经预热好的烤箱,上下火,150摄氏度,烤20分钟。

8. 放凉后再给狗狗吃。

肉松小食

盐吃多了，会加重狗狗的肾脏负担。自制的肉松却免去了这一烦恼，少盐、少油，营养健康却不失美味的肉松小食一定会让狗狗拜你为"食神"。

材料：

鸡胸肉   2块
盐   少许
橄榄油   少许

做法：

1. 锅里放水，加入鸡胸肉和盐，将鸡胸肉煮熟。
2. 将鸡胸肉取出，放凉后，按照鸡胸肉的纹理将鸡胸肉撕成小条。
3. 热锅倒少许油，调成小火后，把撕好的鸡胸肉小条倒入锅里不停地翻炒，炒至金黄色。
4. 用料理机将炒好的鸡肉松打成碎末即可。
5. 放凉后再给狗狗吃。

关于狗狗应慎吃的食物的小知识

在养狗狗的过程中，给狗狗喂食是一项每天必做的重要事情。那么，哪些食物狗狗能吃，哪些食物要少吃，哪些食物是一定不能吃，主人们一定要谨记于心，因为有些食物对狗狗来说有着致命的危害哦。那么，让我们来看一下狗狗应少吃或不能吃的食物吧。

1. 牛奶

前文中我们也已经提到了关于牛奶的一些小知识，知道有些狗狗会因为体内缺乏能分解牛奶中乳糖的酶，所以在喝了牛奶之后可能会出现腹泻等症状。如果你发现自己的狗狗有乳糖不耐受症，就别给狗狗喝牛奶或选用别的奶替代。

2. 洋葱

洋葱中含有大量的硫，能杀死狗狗的红血球，使它们出现严重的贫血反应。所以，我们应尽量让狗狗少吃或不吃洋葱。

3. 巧克力

巧克力对狗狗来说是致命的毒药。它含有可

可碱，这种化学物质会使狗狗出现严重甚至致命的腹泻。巧克力可导致狗狗心脏病发作，昏迷，乃至死亡。

4. 鸡骨头

虽然狗狗喜欢吃骨头，但是骨头也会给它们带来很多问题，特别是鸡骨头，它可能会刺入狗狗的喉咙或割伤狗狗的嘴、食道、胃或肠。如要给狗狗吃骨头，应用高压锅将其煮烂或用锤子敲得碎碎的再给狗狗吃。

5. 生肉

生肉带有危险的细菌和寄生虫，它们会给人类和狗狗带来很多疾病。生肉里可能还有绦虫，如果狗狗们吃了这种生肉，体内就会产生这类寄生虫。

6. 肝脏

吃少量的肝脏对狗狗来说是必要的，但过量了就不好了。因为肝里含有大量的维生素A，食用过量会引起狗狗维生素A中毒。一周3个鸡肝(或对应量的其他动物肝脏)左右的量，就会引发狗狗骨骼方面的问题。

7. 生鱼

生鱼，尤其是生的银白鱼、青鱼、鲶鱼、鲤鱼中含有一种酶，叫作硫胺素酶，它会破坏维生素B_1。不过，烹煮的过程会破坏这种酶的成分，使其失效，所以一定要喂煮熟的鱼给狗狗吃。

8. 菌菇

市场上售卖的食用香菇、蘑菇等对狗狗是无害的，但最好还是少让狗狗食用，以免它们养成吃蘑菇的习惯，在野外误食有毒菌菇。

9. 生鸡蛋

生蛋白含有一种卵白素的蛋白质，它会耗尽狗体内的维生素H。维生素H是狗狗生长及促进毛皮健康不可或缺的营养，除此之外，生鸡蛋通常也含有各种病菌。所以，一定要将生鸡蛋煮熟了再给狗狗吃。

10. 盐

盐可以少放或不放，因为食用过量的盐，会加重狗狗的肾脏压力，导致狗狗出现肾脏方面的问题。

肉松饼干

如果肉松做多了吃不完，怎么办？别担心，变个花样，也给狗狗换个口味，做一道肉松饼干如何？饼干里面有玄机哦！

材料：

低筋面粉	100克	鸡蛋	1个
黄油	30克	白糖	10克
肉松	20克		

做法：

1. 将黄油隔水软化，加入白糖后，打发至白色。

2. 将鸡蛋打散、拌匀后，分3次加入黄油中，每一次都要搅拌均匀。

3. 将低筋面粉筛入后，将其揉成面团。

4. 将面团搓成长条后，揪成小剂子。

5. 将小剂子压扁以后，放入少量肉松包裹起来，搓圆后，轻轻地压一下。

6. 放入已经预热好的烤箱，上下火，180摄氏度，烤20分钟左右即可。

7. 放凉后，再密封保存，随吃随取。

肉汁饼干

你以为所有好吃的饼干都是甜的吗？那就大错特错了！爱吃肉的狗狗们一定不想错过这道点心。

材料：

面粉	120克	鸡蛋	1个
牛肉汁	4勺	盐	少许
羊奶粉	1勺		

做法：

1. 将所有食材放入大碗中，搅拌均匀后，将其揉搓成一个面团。
2. 用擀面杖把面团擀成0.5厘米厚的面饼。
3. 用饼干模具压出喜欢的形状，然后放在刷了油的烤盘上。
4. 放入已经预热好的烤箱，上下火，180摄氏度，烤25分钟至饼干微微变色即可。

猪肉脯

猪肉脯，有着独特的香味且超级柔韧，是狗狗磨牙的又一绝佳点心。

材料：

| 猪肉 | 1块 | 玉米淀粉 | 适量 |
| 芝麻 | 适量 | | |

做法：

1. 将猪肉洗净，切成小块后，放入料理机打成肉泥，装盘。
2. 加入玉米淀粉后，搅拌均匀。
3. 将肉泥放入装有锡纸的烤盘中，覆上保鲜膜，用擀面杖将其擀平整。
4. 拿掉保鲜膜后，将烤盘放入预热好的烤箱，上下火，170摄氏度，烤15～20分钟。
5. 将肉饼翻面后，撒上少许芝麻，再放入烤箱烤10分钟。
6. 将肉饼取出后，切成小块，待彻底放凉后再密封保存，随吃随取。

关于狗狗饮食均衡方面的小知识

给狗狗吃美味的点心，对狗狗和主人们来说，都是一件充满乐趣的事情，但是主人们也要注意保证狗狗的饮食均衡、营养全面。

其实，狗狗和人一样，通过谷物及谷物制品、蔬菜、水果、肉类、奶及奶制品获取营养和能量。狗狗特别喜欢吃肉类食品，与此同时，主人们也应当多给它们喂食一些粗粮，即一定要保证谷物、蔬菜、淀粉等非肉食的比例。对狗狗来说，大米、燕麦片、四季豆、玉米、豌豆、菠菜等都是营养丰富、味道鲜美的非肉类食物。

鸡肉和鸭肉

对狗狗来说，肉类是其在成长过程中获得大量蛋白质和能量的重要来源。使用不同的肉可以收获不同的营养。

本章我们主要介绍给狗狗做鸡鸭肉美食的简易菜谱。大家都知道，鸡肉的脂肪含量低，但是蛋白质含量高，有助于补充狗狗必需的营养。而鸭肉通常被誉为"低过敏源的肉类"，容易过敏的狗狗可以适当地吃一些鸭肉。

鸡腿汉堡

不要以为汉堡只是主人们的专利，有主人们的助力，狗狗也能轻松吃上美味的鸡腿汉堡啦！当烤箱发出"叮——"的一声时，狗狗已经激动地要发疯啦！

材料：

小面包	1个	鸡腿	1个
黄瓜	1/2根	奶酪	1片

做法：

1. 将鸡腿洗净，剃掉骨头、去皮，放入预热好的烤箱，上下火，180摄氏度，烤30分钟。

2. 将小面包、鸡腿肉、黄瓜、奶酪切成小块，装盘。

3. 把上述食材搅拌均匀后，即可给狗狗吃。

小贴士

主人们，也可以在狗狗的这道美食上浇入一点酸奶哦！

鸡胸肉春卷

个头不大，馅料却大有来头。鸡肉下居然藏了那么多菜，味道都变得更清香了呢！一口一个，对于狗狗来说，那都不是事呀！

材料：

鸡胸肉	2块	胡萝卜	1/2根
卷心菜叶	3片	豆芽	适量
豆腐丝	适量		

做法：

1. 将所有食材洗净，胡萝卜和卷心菜叶切丝，鸡胸肉切片。
2. 取一点胡萝卜丝、卷心菜丝、豆芽放于鸡胸肉片上，把它卷起来。
3. 为防止春卷散开，可以用豆腐丝将其固定住，放入蒸锅蒸熟。
4. 放凉后再给狗狗吃。

鸡胸肉面包

"主人，你是不是正在减肥呢？狗宝贝也一定在为你加油呢！来吧，一起吃一顿减脂餐如何？"

材料：

鸡胸肉	3块	燕麦	5勺	胡萝卜	1根
鸡蛋	4个	豌豆	2把	玉米粒	2把
淀粉	适量	水	适量	橄榄油	适量

做法：

1. 将鸡胸肉、胡萝卜、豌豆、玉米粒洗净，鸡胸肉打成肉泥，胡萝卜、豌豆、玉米粒切成小碎丁。装入一个盘中，搅拌均匀。

2. 打入鸡蛋，加入燕麦和淀粉后，再次搅拌均匀。如果觉得干，可加入一点点水后再搅拌均匀。

3. 烤盘上刷一层油，将上述食材倒入烤盘中，放入预热好的烤箱中，上下火，170摄氏度，烤40分钟左右。

4. 将烤好的面包取出，切成小块，放凉后，和狗狗一起分享吧！

鸡胸肉蔬菜小炒拌饭

又一款美味的拌饭哦！

材料：

鸡胸肉	1块	胡萝卜	1/2根
豌豆	1把	橄榄油	1勺
盐	少许	米饭	1碗

做法：

1. 将胡萝卜、豌豆、鸡胸肉洗净，开水焯熟后，切成小碎丁。

2. 锅里放入橄榄油，开中火，将所有食材除了米饭外倒入锅里翻炒均匀。

3. 米饭里加入一大勺鸡胸肉蔬菜小炒，搅拌均匀，放凉后再给狗狗吃。多余的食物可装入保鲜盒里，放入冰箱冷藏或冷冻保存。

鸡胸肉饼

鸡胸肉饼，好吃到停不下来的节奏呢！

材料：

鸡胸肉	1块	鸡蛋	1个
胡萝卜	1/2根	柿子椒	1/2个
淀粉	适量	酱油	1勺
橄榄油	适量		

做法：

1. 将鸡胸肉、胡萝卜、柿子椒洗净。鸡胸肉放入料理机打成肉泥，胡萝卜和柿子椒切成小碎丁，装盘备用。

2. 打入鸡蛋，加入酱油、淀粉后，搅拌均匀。

3. 在烤盘上刷一层薄油，将肉泥倒入、摊平后，放入预热好的烤箱，上下火，180摄氏度，烤25分钟。

4. 取出、放凉后，切成小块再给狗狗吃。

鸡肉拌饭

做这款拌饭，主人们又可以偷懒了哦！千万别让狗宝贝们看穿哦！

材料：

鸡胸肉	1块	鸡蛋	1个
胡萝卜	1/2根	菠菜	2棵
四季豆	1把	橄榄油	1勺

做法：

1. 将鸡胸肉、胡萝卜、菠菜、四季豆洗净，切成小丁，放入水中煮熟后，捞出备用。

2. 锅里倒入橄榄油，开小火，锅热了后，将鸡蛋打散倒入锅中，并用筷子迅速搅拌鸡蛋，使鸡蛋成小碎丁状。

3. 将鸡胸肉、胡萝卜、菠菜、四季豆和煮好的米饭一并倒入锅中，拌匀后便可关火。

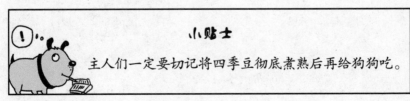

小贴士

主人们一定要切记将四季豆彻底煮熟后再给狗狗吃。

缤纷时蔬鸡腿肉

胡萝卜、西蓝花、番薯能让狗宝贝们的身体里充满各种微量元素和维生素哦！

材料：

鸡蛋	3个	琵琶腿	2个
胡萝卜	1根	西蓝花	4小朵
番薯	1个		

做法：

1. 将所有食材洗净，琵琶腿去骨，备用。

2. 将琵琶腿肉放入高压锅，加凉水没过食材，压半小时后，取出，切成小块。

3. 将胡萝卜、西蓝花、番薯隔水蒸熟后，切成小块。

4. 鸡蛋煮熟后，去壳，切成小块。

5. 将所有食材放入一个盘中，搅拌均匀。

6. 放凉后再给狗狗吃。多余的食物可装入保鲜盒里，放入冰箱冷藏保存。

小贴士

　　本书中有涉及鸡腿的美食，最好是将鸡皮、鸡骨都去掉后再给狗狗吃。而且有些主人喜欢给狗狗吃鸡脖、鸭脖，最好不要这么做。

紫薯鸡肉丸

紫色的鸡肉丸，狗狗们肯定迫不及待地想尝一尝这道美食了吧?

材料:

紫薯	2个	鸡胸肉	1块
鸡蛋	1个	卷心菜	4片
玉米粉	2勺	羊奶粉	2勺

做法:

1. 将鸡胸肉和卷心菜洗净，用料理机将鸡胸肉打成肉泥，卷心菜切碎，装盘备用。

2. 将紫薯蒸熟，捣碎后，倒入装着鸡胸肉和卷心菜的盘中。

3. 加入打散的鸡蛋液、玉米粉和羊奶粉，搅拌均匀。

4. 将上述食材捏成小肉丸，放入蒸锅蒸20分钟。

5. 蒸好后，取适量放凉的鸡肉丸给狗狗吃。多余的食物可装入保鲜盒里，放入冰箱冷冻保存。

鸡汤泡饭

在寒冷的冬季，给狗狗喝一点鸡汤。哇，肯定能一直暖到它们的心窝里。

材料：

鸡胸肉	1块	胡萝卜	1/2根
土豆	1/2个	米饭	1/2碗
橄榄油	1勺	骨粉	1勺
水	适量		

做法：

1. 将鸡胸肉、胡萝卜洗净，土豆去皮后洗净，都切成小块。

2. 锅里放入橄榄油，开中火，将鸡胸肉倒入翻炒，变色后，倒入胡萝卜、土豆翻炒。

3. 加入适量的水，没过食材，开锅后，转小火炖1小时，并不时地搅拌一下，防止底部粘锅。

4. 关火后，加入骨粉、米饭搅拌均匀。

5. 放凉后再给狗狗吃。

鸡排拌饭

狗狗和我们一样，无法抗拒来自外酥里嫩的鸡排的诱惑。拌起来吧，亲爱的鸡排拌饭！

材料：

鸡胸肉	1块	面包糠	1杯
橄榄油	1勺	圆白菜	2片
玉米粒	1把	紫甘蓝	1片
鸡蛋	1个	米饭	1碗
面粉	少许		

做法：

1. 将圆白菜、玉米粒、紫甘蓝洗净、焯热后，切碎，装盘备用。

2. 将鸡胸肉洗净，切成两片，用刀背将肉拍松，再在肉上划几刀，以防止肉筋收缩。

3. 锅里放一勺橄榄油，中火，将面包糠炒至金黄色出锅，放凉备用。

4. 将鸡胸肉裹上面粉后，裹上全蛋液，再裹上炒过的面包糠。

5. 把鸡胸肉放在装有锡纸的烤盘上，放入已预热好的烤箱，上下火，200摄氏度烤制20分钟。

6. 把烤好的鸡排切成小块，倒入到做法1中的盘中，加入米饭，搅拌均匀后再给狗狗吃。多余的鸡排可装入保鲜盒里，放入冰箱冷藏或冷冻保存。

鸡排面包

和狗狗一起嗨起来吧！"鸡排面包，来一份！"

材料：

全麦面包	2片	烤好的鸡排	1块
鸡蛋	1个	黄瓜	1/2根
西蓝花	3小朵		

做法：

1. 将黄瓜、西蓝花洗净，切成小块。西蓝花用开水焯熟。

2. 将全麦面包、鸡排切成小块；鸡蛋煮熟后，去壳，切成小块。

3. 把所有食材放入一个盘中混合，搅拌均匀后再给狗狗吃。

玉米炖鸡汤

清香的鸡汤，配上软香的玉米，狗狗喝完一定会给你点一个大大的"赞"的!

材料:

玉米	1根	鸡胸肉	2块
胡萝卜	1根	南瓜	1小块
盐	少许	水	适量

做法:

1. 将玉米、鸡胸肉、胡萝卜、南瓜洗净。

2. 将玉米切成2~3段;南瓜去皮,连同鸡胸肉和胡萝卜切成小块,装盘备用。

3. 将所有食材倒入锅中,加入盐和适量的水,小火炖2小时。

4. 放凉后直接给狗狗吃或拌饭给狗狗吃。多余的食物可装入保鲜盒里,放入冰箱冷藏保存。

小贴士

　　主人们一定要记住，给狗狗喝的鸡汤一定要清淡，这样才能让狗狗更好地吸收，还不会加重狗狗的消化负担哦！

　　一般狗狗都有啃玉米的技能，如果主人们不放心，怕狗狗啃玉米时，会被棒心噎着，那么也可以用玉米粒代替小段玉米。

鸡丝凉面

哇，40摄氏度的高温，主人们都貌似没什么食欲了。好吧！和狗狗们一起来一碗凉面降降温。

材料：

鸡腿	1个	黄瓜	1根
胡萝卜	1根	面条	适量
水	适量		

做法：

1. 将鸡腿、黄瓜、胡萝卜洗净，将黄瓜、胡萝卜擦成短的细丝。

2. 锅里放水，将鸡腿放入，煮开后，转小火炖20分钟至全熟，捞出。

3. 锅里的水不倒，开中火，水开后下入面条，煮至全熟捞出，过凉水，沥干水分，切成小段，装盘备用。

4. 将鸡腿去皮、去骨后，撕成丝，再用刀切几下。

5. 将所有食材搅拌在一起，即可给狗狗吃。

茄汁鸡肉丸

这道菜可以一式两吃。多做一份，在主人们吃的食材里，加入适量的盐即可。主人们可以在做晚饭的时候，顺手便做出了这道狗狗吃的美食。

材料：

| 鸡胸肉 | 3块 | 鸡蛋 | 2个 | 淀粉 | 适量 |
| 番茄酱 | 少许 | 橄榄油 | 2勺 | 水 | 适量 |

做法：

1. 将鸡胸肉洗净，切成小块。
2. 将切好的鸡胸肉放入料理机打成肉泥，装盘备用。
3. 加入淀粉、番茄酱和打散的鸡蛋，反复搅拌，直至肉泥上劲。
4. 锅里加多一些水，开大火，煮开后，双手沾湿，将肉泥捏成小丸子，放入锅里煮。
5. 等鸡肉丸都浮出水面后，关火，捞出。
6. 另起一锅，加入橄榄油，开小火，倒入番茄酱，翻炒两下后，倒入一碗水，再将鸡肉丸倒入，翻炒均匀。
7. 取适量鸡肉丸，剪成小块后再给狗狗吃。多余的食物可装入保鲜盒里，放入冰箱冷藏或冷冻保存。

香菇鸡肉粥

很多狗狗不适合吃太多香菇，所以主人们要记住少放点香菇，提提味儿就行！不想吃饭的狗狗来一碗粥如何？

材料：

| 鸡胸肉 | 1/3块 | 香菇 | 1/2朵 |
| 圆白菜 | 1/2片 | 大米 | 1/3碗 |

做法：

1. 将大米、鸡胸肉、香菇、圆白菜洗净。大米用水浸泡30分钟，鸡胸肉、香菇、圆白菜切碎。

2. 锅里放水，大火烧开后，放入浸泡好的大米，转小火煮至软烂。

3. 加入鸡胸肉、香菇、圆白菜，继续煮10分钟即可关火。

4. 放凉后再给狗狗吃。

香烤鸡肉果蔬串

今天吃香喷喷的烤串啰，而且都是狗狗爱吃的食材。当然，主人们也可以换不同的搭配，只要狗狗喜欢，便是人间四月天呀！

材料：

鸡胸肉	2块	彩椒	1个
土豆	1/2个	苹果	1/2个
橙子	1/2个	橄榄油	1勺

做法：

1. 将鸡胸肉洗净，切成小块备用。

2. 将土豆去皮、洗净，切成小方片。彩椒、苹果洗净，切成小方块。橙子去皮，切成小块。

3. 将所有食材挨个交替着串在竹签上，刷上橄榄油，放在装有锡纸的烤盘上。

4. 放入已经预热好的烤箱，上下火，180摄氏度，烤20分钟。

5. 拿出串，撤掉竹签，装盘放凉后再给狗狗吃。

燕麦玉米鸡肉粥

"又一款美容养颜滋补瘦身粥，主人，我都吃第二碗了，你不决定来一碗吗？超级好喝！"

材料：

鸡胸肉	1/3块	鸡汤	1碗
鸡蛋	1个	燕麦	1/3碗
玉米面	适量		

做法：

1. 将鸡胸肉洗净，切成小块。

2. 将鸡汤倒入锅中，开中火煮至水开后，加入鸡胸肉、燕麦、玉米面和打散的鸡蛋液，搅拌均匀，煮5分钟即可。

3. 放凉后再给狗狗吃。

鸭肉苹果饼

吃完这个饼，狗狗们一定会大呼："鸭肉和苹果更配噢！"

材料：

鸭胸肉	2块	苹果	1个
鸡蛋	2个	面粉	适量

做法：

1. 将鸭胸肉、苹果洗净，鸡蛋打散。

2. 把鸭胸肉放入料理机打成肉泥，苹果切碎，装盘，搅拌均匀。

3. 加入鸡蛋液、面粉，搅拌均匀后，揉搓成面团，饧30分钟。

4. 将面团分成小块，捏成饼状，放在装有锡纸的烤盘上，放入预热好的烤箱，上下火，180摄氏度，烤20分钟。

5. 放凉，切成小块后再给狗狗吃。多余的食物可装在保鲜盒里，放入冰箱冷藏保存。

鸭肉酱油炒饭

光是酱油炒饭就已经无敌香了，还搭配着肉，生活变得更加圆满的节奏呀！

材料：

鸭胸肉	2块	香菇	2朵
酱油	1勺	橄榄油	2勺
米饭	1碗		

做法：

1. 将鸭胸肉、香菇洗净，剁碎。

2. 锅里放入橄榄油，开中火，将鸭胸肉和香菇倒入翻炒，炒至鸭胸肉变色后，放入米饭、酱油，继续翻炒至熟。

3. 放凉后再给狗狗吃。多余的食物可装在保鲜盒里，放入冰箱冷藏保存。

鸭肉茄子拌饭

有些狗狗不喜欢吃茄子，但不妨一试哦，说不定你家的狗宝贝喜欢得不得了哦！

材料：

鸭胸肉	2块	茄子	1个
橄榄油	2勺	米饭	1碗

做法：

1. 将鸭肉洗净，切成小块，装盘备用。
2. 茄子洗净，切小块后，用开水焯熟。
3. 锅里放油，开中火，加入鸭肉和茄子，炒熟。
4. 倒入米饭，搅拌均匀后关火。
5. 放凉后再给狗狗吃。多余的食物可装入保鲜盒里，放入冰箱冷藏保存。

鸭肉蔬菜抓饭

"主人，你的厨艺越发变得高超了呢，赶紧给我盛一碗吧！"

材料：

大米	1/2碗	鸭腿	2个
胡萝卜	1/2根	豌豆	1把
土豆	1/2个	酱油	1勺
橄榄油	2勺		

做法：

1. 将鸡腿洗净、剔骨，切成小块。
2. 将胡萝卜、豌豆洗净，切丁；土豆去皮、切块后，洗净。
3. 锅里放橄榄油，开中火，将鸭腿肉放入，炒变色后，加入胡萝卜、豌豆、土豆、酱油，继续翻炒，炒熟后关火。
4. 将大米淘洗干净，连同上述食材倒入电饭锅，加水没过食材，按煮饭键即可。
5. 煮好后，用饭铲将食材搅拌均匀。
6. 放凉后再给狗狗吃。多余的食物可装入保鲜盒里，放入冰箱冷藏。

鲜蔬鸭肝拌米粉

这是一款大小狗狗通吃的美食哦！如果是给小狗狗吃，一定要减少鸭肝的量，每周最多只能给小狗狗吃一顿哦！

材料：

鸭肝	1个	玉米粒	1把
胡萝卜	1/2根	婴儿米粉	适量

做法：

1. 将鸭肝洗净，切成小块，玉米粒、胡萝卜洗净。
2. 将上述食材全部放入料理机打碎。
3. 锅里加入适量的水，开中火，将打碎的食材倒入锅中，搅拌至开锅，再煮2~3分钟。
4. 关火，将婴儿米粉倒入，搅拌均匀即可。
5. 放凉后再给狗狗吃。

牛 肉

　　狗狗生来就爱吃肉，吃完一份后，还会用那双水汪汪的大眼睛巴巴地看着你，希望再来一份。当然，你一定要控制，不能喂太多，因为它们的健康更重要。

　　这一部分列出了一些菜也蛮符合我们人类的口味，所以有兴趣的话，可以偶尔跟狗狗坐在一起，美美地享用一顿美食。嗯，先来吃一顿什锦炒饭，如何？

什锦炒饭

和狗宝贝们一起享用美食，一起享受别样的时光。

材料：

米饭	2碗	鸡蛋	1个
牛肉	1块	胡萝卜	1/2根
西蓝花	5小朵	盐	少许
橄榄油	适量		

做法：

1. 将胡萝卜、牛肉洗净，切成小丁；西蓝花洗净后，装盘备用。

2. 把胡萝卜和西蓝花放入开水中焯熟。

3. 锅里放油，开中火，把鸡蛋打散，搅拌均匀后，倒入锅中，用筷子将鸡蛋液搅成小碎丁，装盘备用。

4. 锅里再放入少许油，待锅热以后再倒入牛肉炒熟。

5. 将胡萝卜、西蓝花、鸡蛋和米饭倒入锅中，加盐，翻炒均匀后即可出锅。

6. 一式两份。狗狗的那一份要放凉后再给狗狗吃哦！

小贴士

对于这道美食来说，有些挑食的狗狗可能会挑剔地把不喜欢吃的食物舔到一边，然后把剩下的吃了。如果出现这种情况，主人们，记得下次把狗宝贝们不喜欢吃的食物切得更碎或直接打成碎末搅拌到别的食物里，要知道，好狗狗要学会不挑食哦！

关于给狗狗做美食的省时小知识

不要以为给狗狗做美食会花费你很多时间，其实，很多时候只要你刷个微信的时间，一顿美食就能新鲜出炉了。是的，它远比你想象的时间短多了。

这里推荐几个省时的小窍门给主人们。

1. 一次做两到三份的量。将食物分别装入保鲜盒放进冰箱里冷藏或冷冻。下次再给狗狗吃之前，先用微波炉热透，等放凉后再给狗狗吃。建议一次不要囤太多，以防食物变质或滋生太多的细菌。

2. 这里面有很多简单易操作的"懒人饭"，花几分钟时间便能做出来了。

3. 在主人每次做好菜加盐之前，提前匀出一部分狗狗可以吃的菜，拌饭就可以了。

4. 把食材简单地清理一下，切好后直接放进炖锅里，设置好时间，慢慢炖即可。这样主人在做别的事情的时候，饭菜就做好了。

牛肉饼

香香的牛肉饼，狗狗吃了之后绝对会大呼过瘾呢！

材料：

牛肉	1块	面包渣	2勺
鸡蛋	1个	蒜	1瓣
酱油	1勺	面粉	适量

做法：

1. 将鸡蛋打散，蒜拍成碎末后，将所有的食材倒入一个小盆中，搅拌均匀。

2. 每次取混合后的一小块食材，用手压成饼状。

3. 平底锅里放入少许油，将肉饼轻轻放入锅里煎至饼底略焦后翻面。

4. 将所有的肉饼煎好，取一两块肉饼切成小块，放凉后再给狗狗吃。

5. 剩下的用密封盒装好，放入冰箱冷藏或冷冻保存。

关于狗粮的小知识

如果你实在太忙，没有时间亲自为心爱的狗狗制做美食的话，那么市面上售卖的狗粮和狗罐头等应该是你不错的选择。当然在选择狗粮时，主人们必须要了解一下关于选择优质狗粮的方法。

1. 优质狗粮包装精美而且使用的包装是经专门设计制造的防潮袋。低档狗粮则通常用塑料袋或者牛皮纸包装，这样很容易使狗粮变质。

2. 优质狗粮开袋后能闻到自然的香味，令闻者产生食欲。低档狗粮一般采用化学添加剂，开袋后会闻到一股奇怪的味道。

3. 优质狗粮颗粒饱满、色泽较深且均匀。低档狗粮则由于生产工艺、原材料等原因，颗粒不均匀、色泽较浅且不均匀。

4. 优质狗粮含有较高的营养成分且便于吸收，故每次喂食量不需要很多，这个在狗粮包装袋的用量表中可以看到。

5. 吃了优质狗粮的狗狗粪便软硬适中，粪便量和臭味较少。

6. 吃了优质狗粮的狗狗没有出现发胖、消瘦等现象。

7. 吃了优质狗粮的狗狗不会出现皮肤发痒、干燥、掉毛、断毛等现象。

8. 吃了优质狗粮的狗狗不会出现生长停滞现象。

9. 吃了优质狗粮的狗狗不会出现因缺乏维生素和微量元素造成的病变。

如果你连注意这些信息都没时间的话，就请选择大厂家生产的、正常渠道购买的、口碑较好的、在保质期内的狗粮。

牛肉拌饭

当你看到狗狗们将这款牛肉拌饭吃得一干二净，舔着盘、摇着尾巴想要再来一盘时，记得一定要克制住你激动的心哦！

材料：

牛肉	1块	胡萝卜	1/2根
紫甘蓝	2片	蒜	1瓣
米饭	1碗	盐	少许
橄榄油	1勺		

做法：

1. 将牛肉、胡萝卜、紫甘蓝洗净，牛肉剁成馅，胡萝卜、紫甘蓝切成碎末，混合在一起。

2. 锅底倒入橄榄油，蒜切成蒜末下锅，再放入牛肉、胡萝卜、紫甘蓝、盐，翻炒至熟。

3. 将米饭和炒好的菜混合在一起，搅拌均匀。放凉后再给狗狗吃。

什锦蔬菜牛肉烩饭

荤素搭配得非常完美的一道美食，不仅能让狗狗们大快朵颐，更能让它们茁壮成长！

材料：

牛肉馅	250克	胡萝卜	1根
西蓝花	5小朵	番薯	1/2个
香菇	1朵	米饭	1碗
清水	1小碗		

做法：

1. 将胡萝卜、西蓝花、番薯、香菇洗净，切成小丁，装盘备用。

2. 锅里放少许油，牛肉馅入锅翻炒变色后，加入胡萝卜、香菇翻炒至胡萝卜变色。

3. 加入清水后，将番薯放进去一起炖熟。

4. 把西蓝花加进去翻拌至熟后，拌入米饭，搅拌均匀。放凉后再给狗狗吃。

5. 多余的食物可装入保鲜盒，放入冰箱冷藏保存。

肥牛牛肉菠菜拌狗粮

　　3步就能搞定的美食，非这款肥牛牛肉菠菜拌狗粮不可了！你会发现，原来狗粮也可以这么吃。

材料：

| 牛肉馅 | 100克 | 肥牛片 | 2片 |
| 菠菜叶 | 3片 | 狗粮 | 适量 |

做法：

1. 将菠菜叶、肥牛片焯熟后切碎。
2. 将牛肉馅隔水蒸熟。
3. 将做好的食材和狗粮搅拌均匀即可。

肥牛卷心菜拌狗粮

觉得肥牛牛肉菠菜拌狗粮复杂吗？再给主人们来一款超级懒人版本，是不是很棒呢？

材料：

肥牛片	5片	卷心菜	3片
狗粮	适量		

做法：

1. 将卷心菜洗净，用水焯熟后捞出，切碎。
2. 将肥牛片用开水焯熟后捞出，切碎。
3. 把上述两种食材拌入狗粮中即可。

小贴士

将卷心菜和肥牛片一起放入锅里焯熟，这样更节省时间哦！

牛肉蒸南瓜

　　胖狗狗们注意啦！减肥需要加强运动外，在吃这方面也要有讲究哦！铛——铛——铛——铛！这道美食是胖狗狗们的不二之选哟！

材料：

牛肉	1块	鸡胸肉	1小块
西蓝花	3小朵	南瓜	1小块
鸡蛋	1个	橄榄油	少许

做法：

1. 将牛肉、鸡胸肉、西蓝花洗净后，切丁。
2. 把牛肉和鸡胸肉装盘，鸡蛋打散拌入，搅拌均匀。
3. 南瓜去皮、切小块后，连同西蓝花一并倒入装有牛肉和鸡胸肉的盘中，上锅蒸20分钟左右。
4. 倒入几滴橄榄油，用勺子所有食材搅拌均匀即可。
5. 放凉后再给狗狗吃。

小贴士

吃南瓜具有如下好处：

🐾 南瓜容易产生饱腹感，除了纤维的丰富外，还含有维生素B_2、维生素B_{12}、维生素C及胡萝卜素等各种营养素。其中，维生素B_2能预防贫血。

🐾 南瓜对改善便秘也很有效果。

燕麦肉酱粥

嘿嘿，这也是一道"懒人饭"哦！生病的狗狗或是小一点的狗狗都可以吃的无敌美味粥哦！

材料：

宝宝牛肉酱	1罐	燕麦片	3勺
开水	适量		

做法：

1. 把宝宝牛肉酱、燕麦片和开水放入碗中，搅拌均匀。
2. 将碗放入微波炉里，高火加热5分钟。
3. 放凉后再给狗狗吃。

鲜蔬炖牛肉

牛肉在热腾腾的锅里翻腾，狗狗已然坐不住了。

材料：

胡萝卜	2根	四季豆	1把
卷心菜	2片	牛肉	1块
蒜	1瓣	盐	少许
开水	适量		

做法：

1. 把胡萝卜、四季豆、卷心菜、牛肉洗净。将胡萝卜、牛肉切成丁，卷心菜切小片，装盘备用。

2. 锅里加入少许油，开中火，放入切碎的蒜末，再加入牛肉，翻炒至熟。

3. 将胡萝卜、四季豆和卷心菜分别倒入锅中，翻炒几下后，加入盐、适量的开水后，盖上锅盖，小火炖30分钟，注意偶尔搅拌一下。

4. 放凉后再给狗狗吃。多余的食物可装入保鲜盒里，放入冰箱冷藏保存。

鲜蔬炖牛肉盖饭

狗狗吃完这样的美食，一定会吵着再来一份的。

材料：

鲜蔬炖牛肉	1/2碗
米饭	1/2碗
鸡蛋	1个
橄榄油	1勺

做法：

1. 锅里放入橄榄油，开中火，锅热了后，将鸡蛋打散倒入锅中，用筷子快速搅拌，让鸡蛋液变成鸡蛋丁。

2. 将米饭倒入锅中一并翻炒。

3. 把鲜蔬炖牛肉浇在米饭上，盖上锅盖，关火，焖一会儿。

4. 放凉后再给狗狗吃。

爱心大杂烩

要整理冰箱里的食材吗？那么，请把要清理的食材搜集起来，给狗狗做个大杂烩吧！

材料：

牛肉馅	150克	低脂干酪	50克
胡萝卜	1/2根	四季豆	1把
骨粉	1勺	橄榄油	1勺
盐	少许		

做法：

1. 将胡萝卜、四季豆洗净、焯熟后，切成碎丁，装盘备用。

2. 锅里放少许油，开中火，待油热了后，加入牛肉馅、盐翻炒熟。

3. 将其他剩余的食材倒入，搅拌均匀即可。

牛肝面包

拥有独特味道的牛肝面包会成为狗宝贝们的最爱吗？尝试一下吧！

材料：

牛肝	1块	面包屑	5勺
大蒜	1小瓣	鸡蛋	2个
橄榄油	1勺	开水	适量

做法：

1. 将牛肝放入冷水中浸泡30分钟后拿出，沥干水分。

2. 把牛肝切块后放入料理机，加入少许水，打成膏状，倒入盘中备用。

3. 往盘子里加入面包屑、蒜末、打散的鸡蛋，充分混合。

4. 在烤盘上刷一层油，将混合好的食物倒入烤盘，上下火，180摄氏度，烤35分钟左右，直至表面开始变色。

5. 放凉后，再切成小块给狗狗吃。多余的食物可装入保鲜盒，放入冰箱冷藏或冷冻保存。

关于牛肝的小知识

　　牛肝是牛科动物的肝。肝脏是动物体内储存养料和解毒的重要器官，含有丰富的营养物质，是最理想的补血佳品之一。

　　牛肝属于高蛋白食物，狗狗可以吃，但是不宜过量。建议一周给狗狗吃一次牛肝即可。

牛肉面包

这是你和狗狗都可以享受的美味大餐。

材料：

全麦面包	2片	瘦牛肉	1块
羊奶	1/2杯	鸡蛋	1个
盐	少许		

做法：

1. 将面包切成小块，鸡蛋打散备用。瘦牛肉洗净、切小块后，放入料理机打成肉泥。
2. 把所有食材放入盘中混合，搅拌均匀。
3. 将混合好的食物倒进不粘的面包烤盘里。
4. 放入已经预热好的烤箱，上下火，200摄氏度，烤40分钟。
5. 把烤出的油倒掉，放凉后再给狗狗吃。

牛心拌饭

你听到"砰砰"的心跳声了吗，对于狗狗的胃来说，那可是最美妙的音乐哦！

材料：

牛心	1块	胡萝卜	1/2根
四季豆	2把	米饭	1碗
盐	少许		

做法：

1. 将牛心、胡萝卜、四季豆洗净，用开水焯熟，切成小碎丁。

2. 把牛心、米饭、胡萝卜、四季豆盛入一只大碗里，加盐，搅拌均匀。

3. 放凉后再给狗狗吃。多余的食物可装入保鲜盒，放进冰箱冷藏保存。

牛腰拌饭

牛腰富含丰富的蛋白质、维生素A、B族维生素、烟酸、铁、硒等营养元素哦，狗狗们吃了以后一定会变得强壮！

材料：

牛腰	1块	胡萝卜	1根
西葫芦	1/2根	米饭	2碗
葵花籽油	2勺		

做法：

1. 将胡萝卜、西葫芦洗净，切成小丁，装盘备用。

2. 去掉牛腰上的牛油，在牛腰上随意切下花刀，在水中浸泡30分钟。

3. 往锅里倒适量的水，水烧开后，将牛腰放入水中炖熟后捞出，切成小块。

4. 取一口干净的锅，开中火，放入葵花籽油，放入胡萝卜、西葫芦翻炒熟，再倒入牛腰继续翻炒2～3分钟。

5. 关火，将米饭倒入锅中，搅拌均匀。

6. 放凉后，盛一碗给狗狗吃。多余的食物可装入保鲜盒，放入冰箱冷藏保存。

牛肉杂粮饭

牛肉的汤汁鲜美，拌上蔬菜和土豆的香味，狗狗们一定无法阻挡此般诱惑。而且牛肉能预防贫血，提升消化率，营养又健康。如果是给老年狗狗吃这个牛肉杂粮饭，记得一定要将杂粮饭煮得软一点哦！

材料：

牛肉	1块	土豆	1个
胡萝卜	1/2根	芦笋	3根
杂粮饭	1碗	大蒜	1瓣
橄榄油	1勺	开水	适量

做法：

1. 把土豆、胡萝卜、芦笋洗净，切成丁。大蒜切成蒜末。

2. 将牛肉洗净，切成小块。开中火，热锅，倒入橄榄油，加入蒜末爆香，倒入牛肉，炒至断生。

3. 加入土豆和胡萝卜，翻炒2分钟左右，加入开水，没过食材。

4. 大火煮开，撇去浮沫，改小火煮15分钟左右，放入芦笋，再煮5分钟后关火。

5. 从锅中取适量菜加盖在杂粮饭上，搅拌均匀，放凉后再给狗狗吃。多余的食物可装入保鲜盒，放入冰箱冷藏保存。

关于牛肉杂粮饭的营养小知识

牛瘦肉：富含丰富的铁、脂肪酸的高蛋白食材，可以预防贫血，提升消化率。

胡萝卜：排除毒素，对于毛发、眼睛等都有好处。

土豆：帮助排便，增加饱足感。

芦笋：富含多种氨基酸、蛋白质和维生素以及微量元素。

杂粮饭：膳食纤维，帮助排便、排毒。

牛肉炒鹅肝

牛肉配鹅肝，是不是太过肥腻？没关系，还有一堆的配菜呢！狗狗，开动起来吧！

材料：

牛肉馅	250克	煮熟的鸭肝	2块
圆白菜	2片	胡萝卜	1/2根
西蓝花	4小朵	大蒜	1瓣
橄榄油	1勺	酱油	1/2勺
水	1/2碗		

做法：

1. 将圆白菜、胡萝卜、西蓝花洗净，切成碎丁，装盘备用。大蒜切成蒜末。
2. 开中火，热锅，放入油，加入蒜末爆香，放入肉馅炒至变色。
3. 放入胡萝卜、圆白菜、西蓝花，继续翻炒。
4. 往锅里加水、酱油，炖一会儿。
5. 放凉后，将煮熟的鸭肝切成小块，拌入。
6. 可以直接喂给狗狗吃，也可以拌饭给它们吃。多余的食物可装入保鲜盒，放入冰箱冷藏保存。

纤体燕麦牛肉拌饭

我想这道美食一定非常受狗狗女士们的欢迎哦!

材料:

牛肉	1小块	彩椒	1/2个
土豆	1/2个	西红柿	1/2个
燕麦米	1/3碗	橄榄油	1勺

做法:

1. 燕麦米提前浸泡2~3小时后,把水倒掉,加入适量的水将燕麦米煮熟。

2. 将彩椒、土豆、西红柿洗净,土豆、西红柿去皮后,切成小碎丁,装盘备用。

3. 将牛肉洗净,切成小丁。开中火,热锅,倒入橄榄油、牛肉,炒至断生。

4. 加入彩椒、土豆和西红柿,拌炒2~3分钟后关火。

5. 倒入燕麦米饭,搅拌均匀即可。放凉后再给狗狗吃。

猪 肉

  很多主人都认为狗狗不适宜吃猪肉，因为他们认为猪肉的脂肪含量高、蛋白质含量较低，但相对于别的肉类来说，猪肉的脂肪酸结构比较好而且富含的维生素B_1是鸡鸭鱼牛羊肉的好几倍。所以，作为一种搭配食品，猪肉也是一款很棒的美食哦！

  还有一点主人们需要注意，一定要将猪肉彻底煮熟了以后再给狗狗们吃哦！只有这样才能把生肉中的细菌杀死，从而保护我们亲爱的狗狗们的身体哦！

猪肉蛋炒饭

准备好锅，为狗狗和自己弄一份"低调有料"的猪肉蛋炒饭吧。

材料：

鸡蛋	2个	橄榄油	2勺
四季豆	1把	胡萝卜	1根
香芹	2根	猪肉	1块
酱油	1勺	米饭	2碗
大蒜	1瓣		

做法：

1. 将胡萝卜、四季豆、香芹洗净、开水焯熟后切成小碎丁，装盘备用。大蒜切成蒜末。

2. 鸡蛋打散，锅里放入1勺橄榄油，中火将打好的鸡蛋液煎成蛋饼，在煎的过程中不要搅拌。

3. 将煎好的鸡蛋饼放在案板上，切成小块。

4. 再往锅里放1勺油，加入蒜末爆香后，再倒入猪肉、酱油翻炒。

095

5. 把胡萝卜、四季豆、香芹、米饭、鸡蛋倒入锅中翻炒几分钟。

6. 放凉后再给狗狗吃。多余的食物可装入保鲜盒，放入冰箱冷藏保存。

果蔬肉酱粥

这是一款通用美食，适合3个月以上的狗狗吃哦!

材料：

猪里脊	1小块	玉米粒	1把
豌豆	1把	胡萝卜	1/2根
鸡蛋	1个	稀粥	2碗

做法：

1. 将猪里脊洗净，切成小块放入料理机打成肉泥，装盘后，打入鸡蛋，搅拌均匀。

2. 将玉米粒、豌豆、胡萝卜洗净，切碎后，倒入肉泥中，搅拌均匀，上锅隔水蒸20分钟。

3. 将果蔬肉酱和稀粥充分混合，放凉后再给狗狗吃。多余的食物可装入保鲜盒，放入冰箱冷藏保存。

小贴士

如果家中没有现成的稀粥，那么可以用大米或杂粮米（杂粮米需提前浸泡3小时以上）代替。将其洗净后，放入电饭锅或炖锅中，加入适量的水，按下"煮粥"键。在煮粥的过程中，将上述做法2中的食材倒入，连粥一起煮即可。

猪肉豆腐丸

豆腐里富含蛋白质、维生素B和维生素E、膳食纤维等，适量吃点豆腐可以促进狗狗的肠胃蠕动，提高免疫力哦！

材料：

豆腐	200克	猪肉馅	250克
鸡蛋	1个	香菇	2朵
酱油	1勺	玉米淀粉	适量

做法：

1. 将香菇洗净，切成碎末，装盘备用。

2. 豆腐用开水焯一下，待凉了以后将其捏碎，加入猪肉馅、香菇、酱油、玉米淀粉、打散的鸡蛋液，搅拌均匀。

3. 双手沾水微湿，将丸子捏好、装盘。

4. 隔水蒸15~20分钟至熟即可。

5. 放凉后再给狗狗吃。多余的食物可装入保鲜盒，放入冰箱冷藏或冷冻保存。

关于狗狗补钙的小知识

　　钙质对于狗狗来讲十分重要。但是，并不是所有的狗狗都适合补钙。那什么样的狗狗需要补钙呢？一般来说，老年犬、生育后的母犬以及幼犬需要补钙的情况比较多。那么，主人们具体应该注意哪些问题呢？

　　1．补钙要适量。现如今很多狗狗不缺钙，所以不要盲目补钙，因为补钙过量一样会对狗狗的身体造成伤害。

　　2．补钙要适合。很多主人会认为给狗狗喝牛奶就是补钙。其实，非也。有乳糖不耐受的狗狗喝了牛奶反而会造成消化不良或腹泻等现象。所以，主人们可以去宠物医院让专家检查一下狗狗是否缺钙，应该如何补钙。也可以选用狗狗专用的钙片，按照说明书上的要求进行补钙。

　　3．进行一定的辅助食补。主人们可以给狗狗适当地吃一些豆制品、虾皮、鱼肉等，这种方式通常不会让狗狗引起钙过量的问题。

　　4．多一些户外运动。带着狗狗到户外多晒晒太阳能有效地帮助狗狗更好地吸收钙质，也能让狗狗多运动，从而避免肥胖问题的发生。

猪肉蛋卷

像寿司一样的猪肉蛋卷，主人们是不是也想尝试一下呢？快做起来吧！和狗宝贝们对半分如何？

材料：

鸡蛋	2个	猪肉馅	150克
胡萝卜	1/2根	大蒜	1瓣
玉米淀粉	适量	橄榄油	适量
盐	少许		

做法：

1. 将胡萝卜洗净，切成碎丁，大蒜切成蒜末。

2. 将胡萝卜、猪肉馅、大蒜、盐装入盘中，搅拌均匀。

3. 鸡蛋液打散，加入玉米淀粉，搅拌均匀。

4. 锅里刷一层油，开小火，将混合好的鸡蛋液倒入，摊成一张鸡蛋饼后，取出。

5. 将馅料均匀地摊在鸡蛋饼上，像卷寿司一样将鸡蛋饼卷起来，一定要卷实后再放入盘中。

6. 上锅隔水蒸20分钟。放凉后，切成小块再给狗狗吃。

猪肉馅饼

刚和狗狗一起看了一部电影《猪肉馅饼》（*Pork Pie*），这款美食是不是很应景呢？主人们也可以尝试一下，和狗狗们一起吃着猪肉馅饼看《猪肉馅饼》（*Pork Pie*）吧！

材料：

胡萝卜	1根	白菜叶	3片
香菇	4朵	猪肉馅	250克
中筋面粉	200克	开水	50克
冷水	75克	盐	少许
橄榄油	适量		

做法：

1. 将胡萝卜、白菜叶、香菇洗净，切成碎丁后装盘，加入猪肉馅、盐，搅拌均匀。

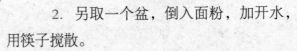

2. 另取一个盆，倒入面粉，加开水，用筷子搅散。

3. 加入冷水，揉成光滑的面团后，盖上湿布饧20分钟。

4. 案板上撒少许面粉，拿出面团，揉搓后，将面团分成8等份。

5. 将每一份面团擀成圆形，加入拌好的猪肉馅料，收口并捏紧。

6. 轻轻地压一下面饼，整成圆形，将收口朝下摆放。

7. 待全部包完后，锅中放入橄榄油，放入适量的饼，中小火慢煎至表面呈金黄色时翻面。

8. 放凉后，切成小块再给狗狗吃。多余的食物可装入保鲜盒，放入冰箱冷藏或冷冻保存。

土豆焖猪肉拌饭

其实，软软的土豆也是狗狗们的最爱哦！据说它也是美毛"神器"哦！但是主人们一定记得要把土豆皮削干净了，因为它不仅不好吃，还有可能含有有毒物质哦！

材料：

猪肉	1块	土豆	2个
酱油	1勺	橄榄油	2勺
开水	适量	米饭	1碗

做法：

1. 将猪肉洗净后，切成小块。土豆去皮后，切成小块，再用清水洗一下。

2. 把猪肉、土豆、酱油装入盘中，搅拌均匀。

3. 锅里倒入橄榄油，开中火，将搅拌好的食材倒入锅中翻炒2分钟后，加入开水没过食材，盖上锅盖，焖10分钟左右，关火。

4. 取一大勺土豆焖猪肉盖在米饭上，搅拌均匀，待放凉后再给狗狗吃。多余的食物可装入保鲜盒，放入冰箱冷藏保存。

土豆胡萝卜炖猪肉拌饭

想再来点粉条吗？凑个东北乱炖如何？绝对会香飘四溢呢！

材料：

猪肉	1块	土豆	2个
胡萝卜	1根	盐	少许
米饭	1碗		

做法：

1. 将土豆、胡萝卜洗净、去皮、切丁，猪肉洗净、切小块。

2. 将所有食材放入炖锅后，加水没过食材。

3. 大火煮开后，转小火慢炖1小时后关火。

4. 取一大勺土豆胡萝卜炖猪肉盖在米饭上，搅拌均匀，待放凉后再给狗狗吃。多余的食物可装入保鲜盒，放入冰箱冷藏保存。

猪排拌饭

其实，猪排和鸡排的做法类似哦！主人们可以举一反三。

材料：

猪排	2片	面包糠	1小碗
圆白菜	2片	玉米粒	2把
紫甘蓝	1片	鸡蛋	1个
米饭	1碗	面粉	少许
橄榄油	适量		

做法：

1. 将圆白菜、玉米粒、紫甘蓝洗净、焯熟后切碎，装盘备用。

2. 将猪排洗净，用刀背将肉拍松，再在肉上轻轻划几刀。

3. 锅里放入橄榄油，中火，将面包糠炒至金黄色，装盘备用。

4. 将猪排裹上面粉后，裹上全蛋液，再裹上炒过的面包糠。

5. 将猪排放在装有锡纸的烤盘上，放入已经预热好的烤箱，上下火，200摄氏度，烤制20分钟。

6. 把烤好的猪排切成小块，倒入做法1中的盘中，加入米饭，搅拌均匀后再给狗狗吃。多余的食物可装入保鲜盒里冷藏保存。

猪排面包

2分钟便能搞定的满分猪排面包来了！味道杠杠的！

材料：

全麦面包	2片	烤好的猪排	1块
鸡蛋	1个	黄瓜	1/2根
西蓝花	3小朵		

做法：

1. 将黄瓜、西蓝花洗净，切成小块。西蓝花用开水焯熟。

2. 将全麦面包、猪排切成小块；鸡蛋煮熟后，剥壳，切成小块。

3. 把所有食材放进盘中混合，搅拌均匀后再给狗狗吃。

茄子猪肉饭

茄子的皮千万不要削掉哦，因为紫色表皮上丰富的花青素对狗狗有很大的好处哦！

材料：

猪肉馅	150克	茄子	1/3根
白菜	2片	西蓝花	3小朵
橄榄油	1勺	大蒜	1瓣
盐	少许	米饭	1/2碗

做法：

1. 将茄子、白菜、西蓝花洗净，切成小块。大蒜切成蒜末。

2. 锅里放入橄榄油，开中火，加入蒜末爆香，加入猪肉馅翻炒后，再加入茄子、白菜、西蓝花、盐，继续翻炒至熟。

3. 关火，将米饭拌入，搅拌均匀后盛出。放凉后，再给狗狗吃。

猪肝菠菜拌狗粮

补铁，只需这一款美食即可！

材料：

猪肝	1小块
鸡胸肉	1小块
肥牛	2片
菠菜	3片
狗粮	适量

做法：

1. 将猪肝、鸡胸肉、肥牛、菠菜洗净、焯熟后切成小块，装盘备用。

2. 加入适量的狗粮，搅拌均匀后再给狗狗吃。

猪肉杂粮饭

"狗宝贝，你觉得是鸡肉杂粮饭好吃还是猪肉杂粮饭好吃呢？"

材料：

猪肉	1块	猪肝	1小块
土豆	1个	胡萝卜	1/2根
芦笋	2根	杂粮饭	1/2碗
大蒜	1瓣	橄榄油	1勺
开水	适量		

做法：

1. 把土豆、胡萝卜、芦笋洗净，切成丁。大蒜切成蒜末。

2. 将猪肉、猪肝洗净，切成小块。开中火，倒入橄榄油，加入蒜末爆香，将猪肉和猪肝倒入锅中，炒至断生。

3. 加入土豆和胡萝卜，翻炒2分钟左右，加开水没过食材。

4. 大火煮开，撇去浮沫，改小火煮15分钟左右，放入芦笋，再煮5分钟后关火。

5. 取适量菜加盖在杂粮饭上，搅拌均匀，放凉后再给狗狗吃。多余的食物可装入保鲜盒，放进冰箱冷藏保存。

猪心猪肉汤泡饭

搅和在一起的猪心、猪肉，傻傻分不清楚！

材料：

猪心	1块	猪肉	1小块
杂粮饭	1/2碗	大蒜	1瓣
水	适量	盐	少许

做法：

1. 将猪心、猪肉切片，用清水洗干净，捞出备用。大蒜切两三刀成丁。

2. 炖锅里倒入适量的水，将猪心和猪肉放入，蒜丁放入。

3. 大火烧开后，改小火炖15分钟。

4. 加入盐和杂粮饭，搅拌均匀后，再炖5分钟后关火，将蒜丁夹出。

5. 放凉后再给狗狗吃。

猪软骨泡饭

泡饭的最大功效就是把所有的汤汁营养都能吸收进来，让狗狗吃掉！

材料：

猪软骨	250克	骨头汤	1碗
玉米粒	1把	卷心菜	2片
盐	少许	水	适量
米饭	1碗		

做法：

1. 将猪软骨洗净后，放入炖锅，加入骨头汤和适量的清水，炖2~3小时。

2. 将玉米粒、卷心菜洗净后切碎，倒入锅中，加入卷心菜、盐和米饭，开火后再煮5~10分钟。

3. 放凉后再给狗狗吃。多余的食物可装入保鲜盒，放进冰箱冷藏保存。

小贴士

猪软骨的营养价值极高，除了丰富的蛋白质、脂肪、维生素外，还含有大量的磷酸钙、骨胶原、骨粘蛋白等，对促进狗狗骨骼的发育及补钙都会起到不错的功效。

主人们在给狗狗吃之前，一定要确认猪软骨已经被煮得比较软烂了。

排骨玉米汤泡饭

狗狗补钙的又一款美食，赶紧给正在哺乳期的狗妈妈们来一碗吧！

材料：

排骨	250克	玉米粒	2把
胡萝卜	1/2根	橄榄油	1勺
米饭	1碗	水	适量

做法：

1. 将玉米粒、胡萝卜洗净，切碎。

2. 将排骨洗净、焯熟后捞出，装盘备用。

3. 锅里放入橄榄油，倒入排骨翻炒一下，加入玉米粒、胡萝卜和水，大火煮开后，改小火炖1~2小时，直至排骨脱骨后，关火。

4. 放凉，将排骨取出，剔出骨头，用小铁锤将骨头敲成碎末，将排骨肉切成小块，再取部分玉米和胡萝卜带汤一并拌入米饭，搅拌均匀后再给狗狗吃。

5. 多余的食物可装入保鲜盒，放进冰箱冷藏保存。

猪肉松

　　猪肉松、鸡肉松、牛肉松的做法都差不多，看着简单，但是主人们这是你们锻炼耐心的时刻哦！因为撕肉松的过程真的是很枯燥无聊哦！不过看着狗狗们吃得津津有味的样子，这点辛苦算什么呢？

材料：

里脊肉	2块	橄榄油	适量
无盐海苔	2片	盐	少许
水	适量		

做法：

1. 里脊肉洗净，锅里放水，加入里脊肉和盐，大火将其煮熟。

2. 将肉捞出，放凉后，把肉撕成小条。

3. 热锅倒入橄榄油，调成小火后，把撕好的肉倒入锅中不停地翻炒，炒至金黄色。

4. 用料理机将炒好的猪肉松和撕成小片的海苔打成碎末即可。

由于肉松是将肉除去水分后制成的粉末，短期内不容易变质，所以主人们可以一次多做一点点。

然而，为什么说最好不要直接给狗狗吃各种肉松呢？因为肉松中含有大量的能量和油脂，食用过量会造成狗狗肥胖。

那么，我们应该如何给狗狗喂肉松呢？这里推荐几种方式供主人们选择：

🐾 在狗狗食用的汤中可拌入1/3勺肉松；

🐾 在狗狗食用的粥中可拌入1/2~1勺肉松；

🐾 在狗狗食用的别的蔬菜类食物中可拌入1~2勺；

……

主人们必须记住一点，将肉松作为狗狗的配料使用，千万不可贪多哦！

猪肉松面包

每次的猪肉松主人们可以多做一点，这样一款一分钟就能搞定的狗狗美食就此诞生了哦！

材料：

面包片	2片	猪肉松	适量
狗粮	适量		

做法：

1. 将面包片切成小块，装盘备用。
2. 加入适量猪肉松和狗粮，搅拌均匀即可给狗狗吃。

鱼　肉

俗话说:"猫吃鱼,狗吃肉。"然而,事实上,鱼并不只是猫咪们的最爱,狗狗们也是超级喜欢吃鱼肉的哦!

鱼的味道鲜美,肉质细腻,营养价值高,所含的热量和脂肪很低,还非常利于消化吸收,鱼肉中所包含的不饱和脂肪酸有益于活化狗狗的大脑神经细胞,对提高狗狗的智力有良好效果。

本章中主要选用了三文鱼和鳕鱼的一些制作方法。为什么主要选择这两种鱼呢?因为三文鱼和鳕鱼的刺比较少,而且它们相较于其他鱼类更不容易引起狗狗的不良反应,所以主人们可以放心地给狗狗喂食哦!

关于三文鱼和鳕鱼的营养小知识

1. 三文鱼。三文鱼除了是高蛋白、低热量的健康食品外，还含有多种维生素以及钙、铁、锌、镁、磷等矿物质，并且含有丰富的不饱和脂肪酸。在所有鱼类中，三文鱼所含的Ω-3不饱和脂肪酸最多，Ω-3为一组多元不饱和脂肪酸，常见于鱼类和某些植物中，对狗狗的健康大有好处。要保持身体强健，狗狗必须在日常饮食中摄取均衡分量的Ω-3。Ω-3脂肪酸对心血管健康和脑机能运作有重大帮助，同时可促进狗狗的正常生长与发育。在狗狗成长的每个阶段，它都需要Ω-3脂肪酸以维持身心健康。

2. 鳕鱼。鳕鱼是少数的低脂高蛋白的营养食品。它具有易于被吸收等优点。鳕鱼鱼脂中含有球蛋白、白蛋白及磷的核蛋白，还含有幼犬发育所必需的各种氨基酸，其比值和幼犬的需要量非常相近，又容易被消化吸收，还含有不饱和脂肪酸和钙、磷、铁、B族维生素等。

三文鱼蔬菜沙拉

单吃及混合别的主食一起吃都是一个很棒的选择哦！

材料：

三文鱼	1块	土豆	1/2个
胡萝卜	1/2根	生菜	2片
牛油果	1/2个	橄榄油	1勺

做法：

1. 将三文鱼洗净、切成小块，用少许底油小火将其煎熟，装盘备用。

2. 将土豆、胡萝卜洗净，去皮，切成小块、焯熟；生菜洗净，撕成小碎块；牛油果切半，用勺子挖成小块。

3. 把所有食材装入一个盘中，搅拌均匀后，再给狗狗吃。

烤三文鱼串

今天又到了吃串串的好日子哦！

材料：

三文鱼	1块	土豆	1/2个
红彩椒	1/2个	黄彩椒	1/2个
苹果	1/2个	橄榄油	1勺

做法：

1. 将三文鱼洗净，土豆去皮、洗净，切成小方片。彩椒、苹果洗净，切成小方块。

2. 将所有食材挨个串在竹签上，刷上橄榄油，放入装有锡纸的烤盘上。

3. 将烤盘放入已经预热好的烤箱，上下火，180摄氏度，烤20分钟。

4. 拿出串，撤掉竹签装盘，放凉后再给狗狗吃。

三文鱼炒饭

主人们是不是也抵挡不住三文鱼炒饭的诱惑了？一起来一碗吧！

材料：

三文鱼	1块	香菇	1朵
黄瓜	1/2根	胡萝卜	1/2根
火腿肠	1/2根	鸡蛋	1个
橄榄油	1勺	米饭	1碗
酱油	1勺		

做法：

1. 将三文鱼、香菇、黄瓜、胡萝卜洗净，切碎丁。火腿肠切碎丁。

2. 锅里放油，开中火，将上述食材全部倒入锅里翻炒至熟。

3. 鸡蛋打散后倒入米饭中，搅拌均匀，倒入锅中翻炒，加入酱油，翻炒3~4分钟后关火。

4. 放凉后再给狗狗吃。

三文鱼牛油果拌饭

牛油果也是美毛圣物，搭配三文鱼，感觉棒棒的！

材料：

三文鱼	1块	牛油果	1/2个
橄榄油	1勺	盐	少许
米饭	1/2碗		

做法：

1. 将三文鱼洗净，用厨房用纸擦干，抹上盐，刷一层橄榄油，放入预热好的烤箱，上下火，180摄氏度，烤15分钟。

2. 牛油果去皮，切成小丁。

3. 把三文鱼切成小块，和牛油果一起拌入米饭，搅拌均匀即可。

芦笋三文鱼球

用最新鲜的芦笋，给狗狗上一道简单又健康的美食吧!

材料:

三文鱼	1块	芦笋	2根
豌豆	1把	胡萝卜	1/2根
盐	少许	水	适量
面粉	适量		

做法:

1. 将三文鱼、豌豆、胡萝卜洗净，芦笋去皮、洗净后，切成小块。

2. 将上述食材放入料理机，加入适量的水打成泥。

3. 盛出后，加入面粉、盐，搅拌均匀。

4. 捏成小圆球后，装盘，隔水蒸20分钟。

5. 放凉后再给狗狗吃。多余的食物可装入保鲜盒，放进冰箱冷藏或冷冻保存。

关于芦笋营养的小知识

　　芦笋有鲜美芳香的风味，质地鲜嫩，膳食纤维柔软可口，能增进食欲，帮助消化。

　　芦笋中含有丰富的蛋白质、维生素、矿物质等各种微量元素，另外芦笋中含有特有的物质，具有调节机体代谢，提高身体免疫力的功效哦！

三文鱼寿司

谁说狗狗不能吃寿司，主人们的妙手就能让狗狗美美地享受一把舌尖上诱惑。

材料：

三文鱼	1块	红彩椒	1/2个
黄彩椒	1/2个	西蓝花	3小朵
无盐紫菜	2片	橄榄油	1勺
酱油	1勺	米饭	1/2碗

做法：

1. 将红彩椒、黄彩椒洗净后，切碎。西蓝花用水焯熟后，切碎。无盐紫菜撕成小碎块。

2. 锅里放入橄榄油，开中火，将红彩椒、黄彩椒、西蓝花倒入，翻炒2~3分钟后，装盘备用。

3. 将三文鱼洗净蒸熟后，切碎。

4. 将上述所有食材放凉，和米饭拌匀后，用固定形状的模具压好、定形即可给狗狗吃。

清蒸鳕鱼拌饭

"吃惯了大鱼大肉，来点清淡的解解腻！嘿嘿！舔完盘子才想起来鳕鱼也是鱼哦！吃鱼果然有助于智商的提高呀！我是不是变得更聪明了呢？"

材料：

鳕鱼	1块	玉米粒	2把
酱油	1勺	米饭	1/2碗
水	适量		

做法：

1. 将鳕鱼洗净、装盘，洒入酱油，隔水蒸5~7分钟至筷子很容易插透鳕鱼为止。玉米粒洗净、焯熟，装盘备用。

2. 放凉后，将鳕鱼、玉米粒放入料理机，加入一点点水后，将鳕鱼打成肉泥。

3. 将打好的玉米鳕鱼肉泥拌入米饭中，搅拌均匀即可给狗狗们吃。

鳕鱼盖浇饭

"主人，别老是给我做这么多好吃的，你也来一碗鳕鱼盖浇饭吧，不吃，你怎么知道它有多鲜美呢？"

材料：

鳕鱼	1块	水	适量
米饭	1碗	橄榄油	1勺
胡萝卜	1/2根	去壳的白煮蛋	1个
香芹	1根	盐	少许

做法：

1. 把鳕鱼、胡萝卜、香芹洗净，鳕鱼切块，胡萝卜、香芹切丁。

2. 把鳕鱼、水放进锅中，用中小火炖20分钟。

3. 将橄榄油、白煮蛋、胡萝卜、香芹、盐倒入锅中，再炖5分钟。

4. 取一大勺鳕鱼连同配菜盖到米饭上，放凉后再给狗狗吃。多余的食物可装入保鲜盒，放进冰箱冷藏保存。

鳕鱼土豆饼

狗宝宝们也喜欢吃的鳕鱼土豆饼哦!

材料:

鳕鱼	1块	土豆	1个
胡萝卜	1/2根	豌豆	1/3碗

做法:

1. 将土豆、胡萝卜、豌豆洗净,切成小碎丁。
2. 将鳕鱼洗净后,隔水蒸熟,剔除鱼骨,捏碎。
3. 将所有食材搅拌在一起,搅拌均匀后,捏成小饼。
4. 上锅隔水蒸20分钟即可。
5. 放凉后再给狗狗吃。

鳕鱼豆腐蛋花汤泡饭

　　鳕鱼豆腐的味道已经流淌在汤汁之中，深入到米饭里了，狗狗有什么理由不吃得一干二净呢？

材料：

鳕鱼	1块	豆腐	1块
鸡蛋	1个	胡萝卜	1/2根
土豆	1/2个	盐	少许
水	适量	米饭	1/2碗

做法：

1. 将胡萝卜洗净切小丁，土豆去皮，切小丁后洗净。

2. 将鳕鱼洗净，隔水蒸熟后，掰成小块。豆腐提前用水浸泡1～2小时后，捞出切小丁。

3. 水烧开后，将上述食材除了鸡蛋外全部放入锅中，小火慢炖30分钟。

4. 将鸡蛋打散，淋入锅中，呈蛋花状即可关火。

5. 取一大勺鳕鱼豆腐蛋花汤泡在米饭上，放凉后再给狗狗吃。

6. 多余的食物可装入保鲜盒，放进冰箱冷藏保存。

鳕鱼蔬菜粥

这款粥适合所有的狗狗吃，但是在给小狗狗吃的时候一定要记得将所有食材用料理机处理得碎碎的哦！

材料：

鳕鱼	1块	西蓝花	2小朵
胡萝卜	1/2根	粥	1/2碗

做法：

1. 将鳕鱼洗净，上锅隔水蒸熟后取出，剔骨，捏成小碎块。

2. 将西蓝花、胡萝卜洗净、切块，用水煮熟后，切成碎丁。

3. 将所有食材连同粥一并倒入锅中，再煮2~3分钟。

4. 放凉后再给狗狗吃。

鱼豆腐拌饭

　　家里有小宝宝的家庭，肯定备有龙利鱼，因为它肉质鲜嫩，基本没有什么刺，比较安全！给我们的狗宝贝们也做一份好吃的吧！

材料：

龙利鱼	1块	鸡蛋	2个
生粉	适量	盐	少许
米饭	1碗		

做法：

1. 将龙利鱼片洗净、切块，用料理机打成泥，盛出，装盘备用。

2. 鱼泥里加入鸡蛋、生粉和盐，朝一个方向搅拌均匀。

3. 烤盘上抹一层油，把鱼泥倒入、抹平。

4. 放入已经预热好的烤箱，上下火，180摄氏度，烤30分钟。

5. 切成小块，取适量拌入米饭给狗狗吃。

6. 多余的食物可装入保鲜盒，放进冰箱冷藏或冷冻即可。

特　餐

在特殊的日子里，是不是希望有狗狗和你们相伴一起，去感受新年的快乐、元宵节的热闹，去感受端午节划龙舟的乐趣、八月十五赏月的闲情……

狗狗除了感受到节日的浓浓气氛外，更感受到了主人对它们的一片心，一份爱。它们是家庭的一分子，而不只是你养的一只宠物。

来吧，热闹起来吧！欢腾起来吧！庆祝起来吧！在这美好的节日里，有你的日子更美好，也更精彩！

鸡肉胡萝卜馅饺子

俗话说："初一饺子，初二面。"春节的时候，几乎家家户户有着吃饺子的习俗——所以，给狗狗们也做一顿饺子，过个好年吧！

材料：

蛋黄	2个	鸡胸肉	1块
胡萝卜	1/2根	面粉	适量
温水	适量	橄榄油	1勺

做法：

1. 将胡萝卜洗净、切碎。

2. 鸡蛋打散，锅内倒入油，开中火，将鸡蛋液炒熟后，加入胡萝卜，再炒一会儿。

3. 面粉加水，揉搓成团，盖湿布饧20分钟。

4. 将鸡胸肉洗净，切成块，放入料理机打成泥，盛出后，拌入鸡蛋和胡萝卜，搅拌均匀。

137

5. 将面团反复揉搓，搓成长条后，揪成小剂子，压扁，用擀面杖转圈擀将其擀成饺子皮。

6. 加入馅料，包成饺子。

7. 大火烧开水后，将饺子下锅，搅拌后，盖上锅盖，煮熟即可。

8. 将吃不完的饺子用保鲜盒装好后放进冰箱冷冻，随吃随煮。

小贴士

有时候鸡蛋的蛋白会引起狗狗消化不良和维生素的缺失，如果主人们不放心，或是狗狗比较敏感，建议你只选用蛋黄。这个建议适合于本书中所有有鸡蛋的菜。

紫薯汤圆

元宵节，北方人喜欢吃元宵，南方人喜欢吃汤圆。那狗狗适合吃什么呢？元宵节的浓浓气息，主人们是不是忍不住要给狗狗们做一款专属于它们的汤圆呢？

材料：

大米粉	100克	紫薯	1个
鸡汤	1碗	水	适量

做法：

1. 将紫薯洗净、去皮后，隔水蒸熟，碾成紫薯泥。
2. 大米粉加水揉成光滑的面团，盖上保鲜膜，饧20分钟。
3. 将紫薯泥搓成一个个迷你小丸子，装盘备用。
4. 将面团揉搓成粗长条，揪成一个个小剂子，再用擀面杖将其擀成面皮。
5. 将紫薯小丸子包入面皮中，封好口。
6. 锅里放入鸡汤和水，大火烧开后，将紫薯汤圆放入，煮熟后，关火。
7. 放凉后再给狗狗吃。

关于狗狗不适合吃汤圆小知识

狗狗是不能吃汤圆的。不管它们用多么期待的眼神看着你，也绝对不能改变你的心意。为什么呢？

1. 元宵太黏，可能会粘在狗狗牙齿上

用糯米做成的元宵或者汤圆黏性很大，很容易黏在牙齿上。人类很容易清理干净，但狗狗却不能，黏在牙齿上的残渣不仅会让狗狗感到不适，还会让狗狗产生牙齿疾病。

2. 元宵也可能会粘在狗狗的肠胃中

狗狗吃东西喜欢狼吞虎咽，吃下去的元宵很容易粘到狗狗的喉咙甚至气管中，引起狗狗窒息。

3. 元宵不易消化

狗狗的肠胃相对来说较弱，元宵这种东西对它们来说太难消化，往往会滞留在肠胃中，引起狗狗胃部不适。

4. 元宵中的一些成分可能导致狗狗中毒

主人们吃的元宵的馅料多种多样，里面可能带有葡萄、巧克力等成分，这些成分对狗狗来讲无异于毒药，

千万不要给它们吃。而且过甜的馅料成分也会腐蚀狗的牙齿，非常不利于它们的身体健康。

水果汤圆

水果味的汤圆，正弥漫着清新的果香味呢！

材料：

小麦粉	200克	玉米淀粉	20克
苹果	1/3个	香蕉	1/2根
橘子	2瓣	西瓜肉	2勺
水	适量		

做法：

1. 将小麦粉和玉米淀粉混合后，加入适量的水，揉成光滑的面团，盖上湿布饧15分钟。

2. 将苹果、香蕉、橘子、西瓜肉切成小丁，装盘备用。

3. 将面团揉成细长条，切成小丁后，将每个小丁揉成小圆球。

4. 锅里放水，大火烧开后，将小圆球放入，直至煮熟后，关火。

5. 捞出汤圆，待汤汁变温时，将切好的水果倒入，放凉后再给狗狗吃。吃不完的水果汤圆可装入保鲜盒，放进冰箱冷藏。

鲜蔬鸡肉粽

端午节来啦！吃粽子啦！让我们的狗狗们也一起来庆祝一下这个节日吧！

材料：

胡萝卜	1/2根	鸡胸肉	1块
豌豆	1/3碗	粽叶	适量
大米	适量	盐	少许

做法：

1. 将大米洗净，提前浸泡2~3小时。
2. 胡萝卜、豌豆、鸡胸肉洗净，切成小碎块，装盘，拌入盐，搅拌均匀。

3. 取一片粽叶，中间向下对折成漏斗状，不能有缝隙。

4. 填入少量的大米，摊平后加入鸡肉、胡萝卜等馅料，再覆盖上一层大米，将粽叶折一下，盖住大米及馅料，按紧。另取一片小粽叶对折，覆盖在这片包馅的粽叶上，折好，用线缠紧粽子后打好结。

5. 将包好的粽子放入锅里，加水没过粽子，大火烧开后，转小火再煮1～2小时即可。

6. 将粽叶取掉，切成小块，放凉后再给狗狗吃。吃不完的粽子可放入冰箱冷冻保存。

鸡肉红薯月饼

十五的月亮十六圆！主人们，动手做一款"心意月饼"给心爱的狗狗吧！它一定会觉得自己的人生和月亮一样圆满了呢！

材料：

面粉	100克	淀粉	10克
羊奶粉	20克	橄榄油	1勺
鸡蛋	1个	红薯	1/2个
胡萝卜	1/2个	鸡胸肉	1块

做法：

1. 将红薯、胡萝卜洗净，蒸熟，用料理机打成泥，装盘备用。

2. 把鸡胸肉洗净，切成小碎块，煮熟，拌入红薯、胡萝卜泥中，搅拌均匀。

3. 将面粉、淀粉、奶粉、橄榄油、鸡蛋混合，加适量水揉成光滑的面团，盖上保鲜膜，饧15分钟。

4. 把面团搓成长条，揪成小剂子，把每个小剂子擀成面皮后，放入之前备好的鸡肉泥馅料，揉捏成饼状。

5. 用月饼模子，压成月饼状。

6. 放入已经预热好的烤箱，上下火，180摄氏度，20分钟。

7. 烤好后，掰成小块，放凉后再给狗狗吃。

大团圆 ♡

小贴士

中秋来临，阖家团圆，吃月饼当然少不了狗狗的份呀！然而，高糖高油的月饼绝对不适合狗狗吃。所以，主人们可以做一款无添加的狗狗月饼，既能让狗狗解馋，又能补充营养。但是这款月饼相较于主人们吃的月饼的存放时间短太多了，所以一次尽量不要做太多，而且要尽快吃完哦！

南瓜狗粮月饼

做月饼无论给家人还是宠物吃，都会别有一番滋味……

材料：

南瓜	1块	面粉	200克
狗粮	适量		

做法：

1. 将南瓜去皮、洗净，切成小块后上锅，隔水蒸熟。

2. 南瓜擀成泥后，加入面粉，揉成硬一点的光滑面团，盖上保鲜膜，饧20分钟。

3. 把面团搓成长条，揪成小剂子，把每个小剂子擀成面皮后，放入适量的狗粮，揉捏成饼状。

4. 用月饼模子，压成月饼状。

5. 放入已经预热好的烤箱，上下火，180摄氏度，20分钟。

6. 烤好后，掰成小块，放凉后再给狗狗吃。

牛肉茄汁通心粉

秋高气爽的季节，是狗狗最喜欢的季节，也是开始贴秋膘的季节了哦！

材料：

牛肉馅	150克	通心粉	适量
西红柿	1/2个	橄榄油	1勺

做法：

1. 将西红柿洗净、去皮、切丁。
2. 锅里放水，大火烧开后，倒入通心粉煮熟后，捞起备用。
3. 另起一锅，倒入橄榄油，开中火，倒入牛肉馅和西红柿，将西红柿炒出汁。
4. 把煮熟的通心粉倒入锅中翻炒、拌匀。
5. 放凉后再给狗狗吃。

炖小羊肉

看着大家都在吃肉，如果你家的狗宝贝已经垂涎三尺，也爱吃小羊肉的话，偶尔给它炖一次吧！它一定会举双手双脚赞成的。

材料：

羊肉	1块	苹果	1/2个
肉桂粉	1/2勺	番茄酱	适量
水	适量		

做法：

1. 将羊肉、苹果洗净后，切小块。
2. 将橄榄油倒入锅中，开中火，放入羊肉翻炒至变色。
3. 加入苹果、肉桂粉，继续翻炒2分钟。
4. 加入番茄酱和水，烧开后，改小火，炖1小时。
5. 放凉后再给狗狗吃。

不管是炎炎夏日还是寒冷的冬季都不是美毛的最佳时期。秋高气爽的秋天才是狗狗美毛的黄金时期，因为秋季没有强烈的紫外线，天气也不太干燥，十分适合狗狗毛发的生长。

所以，在这段时间，我们一定要让狗狗保证充足的营养，食补就派上用场了。适量的瘦肉、煮熟的蛋黄、橄榄油等，都有助于皮毛光泽度的改善。但是，过多摄入脂肪会造成狗狗很多其他问题。在给狗狗准备这些食物时一定要注意，一次不要给太多，否则会给狗狗的身体造成负担。

虾米海带小米粥

对于刚生完宝宝的狗妈妈来说，这可是一款不错的滋补美食哦！

材料：

小米	30克	虾米	1勺
海带	1小根		

做法：

1. 将小米、虾米、海带洗净，备用。

2. 把海带切成细丝。

3. 将小米倒入装有水的锅中，大火烧开后，改小火，继续熬。

4. 倒入虾米、海带熬至米软烂即可。

5. 放凉后再给狗狗吃。

小贴士

🐾 小米有健脾暖胃的功效，对狗狗的肠胃有很好的帮助，在熬粥的时候可不要漏掉哦！

🐾 海带切得越细越好，以免狗狗在食用时挑出来。

🐾 粥太烫容易烫伤狗狗的嘴巴，因此要记得等粥稍凉时再给狗狗吃。

牛肉暖心粥

虽说冬天不宜吃太多肉，但可以给狗狗适当地喝点牛肉暖心粥哦！

材料：

牛肉馅	50克	燕麦片	1/2碗
高汤	1碗		

做法：

1. 大火将高汤煮沸，改中火后放入牛肉馅、燕麦片。
2. 将麦片煮到变软后关火。
3. 放凉后再给狗狗吃。

小贴士

上面我们选用了牛肉，其实鸡肉、猪肉、鱼肉也是不错的选择，如果家里有别的适合狗狗吃的蔬菜、水果，主人们也可以适当地加一点，根据需要进行DIY。

狗狗生日蛋糕

狗狗的生日到了，这是主人们表达谢意的时候，虽然它们有时候也很淘气，但还是要谢谢它们带给我们的快乐和温暖，谢谢它们的爱和信赖。

材料：

鸡胸肉	2块	巴沙鱼	1块
胡萝卜	1根	土豆	1个
鸡蛋	2个	面粉	60克
盐	少许	橄榄油	1勺

做法：

1. 将胡萝卜、土豆、鸡胸肉和巴沙鱼洗净后，切成小丁，装入盘中。

2. 加入鸡蛋、橄榄油和盐，搅拌均匀。

3. 筛入面粉，搅拌均匀，整体的干湿状态有点像糊糊。

4. 烤盘刷一层油，将食材倒入、铺平后，放入已经预热好的烤箱，上下火，200摄氏度，烤30分钟，烤到表面微微上色。

5. 用模具压出喜欢的形状，叠着放好，再插上小蜡烛即可。

    6. 将多余的食物切成小块，装在保鲜盒里，放入冰箱冷藏或冷冻保存。

奶香肉松蛋糕

点上生日蜡烛，嘿！小家伙，快过来许个愿吧！

材料：

鸡蛋	3个	低筋面粉	60克
羊奶	1勺	肉松	适量
白砂糖	1勺		

做法：

1. 将蛋黄、蛋白分离，在蛋黄内加入1/3勺白砂糖，打散。

2. 将2/3勺白糖分两次加入蛋清，用打蛋器打发至硬性发泡，即提起打蛋器时有一个直尖。

3. 将蛋黄液分三次倒入蛋清中，用切拌的方式分别搅拌均匀。

4. 筛入低筋面粉，切拌均匀。

5. 倒入模具中，放入已预热好的烤箱，上下火150摄氏度，烤40分钟。

6. 将烤好的蛋糕，切成小块，撒入适量的肉松，搅拌均匀后再给狗狗吃。

猪肝蔬菜粥

此款粥也是明目补身的美食哦！

材料：

猪肝	1小块	菠菜	1棵
胡萝卜	1/3根	无盐紫菜	2片
热粥	1碗		

做法：

1. 将猪肝、菠菜、胡萝卜洗净，用开水焯熟后，切成丁。
2. 把上述食材倒入热粥，紫菜剪碎加入，拌匀。
3. 放凉后再给狗狗吃。